GALAXIES

星系之书

— Galaxies —

揭秘人类探索宇宙的新篇章

〔美〕大卫·J. 艾切尔◎著

谢 懿 等◎译

北京科学技术出版社

译者名单：
谢懿、高原兴、卢旭、张景

This translation published by arrangement with Clarkson Potter/
Publishers,an imprint of Random House, a division of Penguin
Random House LLC
Simplified Chinese translation copyright © 2023 by Beijing Science
and Technology Publishing Co., Ltd.

著作权合同登记号：图字：01-2022-1730

图书在版编目（CIP）数据

星系之书 / (美) 大卫·J. 艾切尔著；谢懿等
译 .— 北京：北京科学技术出版社，2024.3
书名原文：Galaxies: Inside the Universe's
Star Cities
ISBN 978-7-5714-3425-0

Ⅰ.①星… Ⅱ.①大… ②谢… Ⅲ.①天文学—普及
读物 Ⅳ.① P1-49

中国国家版本馆 CIP 数据核字 (2023) 第 231865 号

策划编辑：廖　艳
责任编辑：廖　艳
责任校对：贾　荣
责任印制：李　茗
图文制作：天露霖文化
出 版 人：曾庆宇
出版发行：北京科学技术出版社
社　　址：北京西直门南大街16号
邮政编码：100035
电　　话：0086-10-66135495（总编室）
　　　　　0086-10-66113227（发行部）
网　　址：www.bkydw.cn
印　　刷：北京捷迅佳彩印刷有限公司
开　　本：889 mm × 1194 mm　1/16
字　　数：232千字
印　　张：15.5
版　　次：2024年3月第1版
印　　次：2024年3月第1次印刷
ISBN 978-7-5714-3425-0

定　　价：239.00元

前页图　M106：由气体和恒星组成的旋涡星系

旋涡星系M106位于猎犬座，距离地球约2 400
万光年，它自身较亮，是用望远镜易见的星系。它
也是首批发现中心存在超大质量黑洞的星系之一。
事实上，它是一个赛弗特星系，具有不规则的活跃
能量输出，其中心黑洞的质量与银河系相当，约为
390万个太阳质量。M106还包含造父变星，它是帮
助设定宇宙距离尺度的关键，使天文学家可以更精
确地测量距离。

阿塔卡马沙漠上空的麦哲伦云

这张照片拍摄于智利高海拔的阿塔卡马沙漠，
当地可能拥有地球上最黑暗的天空。照片中包含了
银河系中的无数恒星。银河系的伴星系——大、小
麦哲伦云在天空中脱颖而出。

背页图　后发座中的黑眼睛星系

天文爱好者的另一观赏目标是后发座中的黑眼
睛星系（M64），它得名于一条穿过其中心的弧形宽
尘埃带。这个星系含有朝相反方向转动的盘，可能形
成于早期的碰撞。该星系距离地球约1 700万光年。

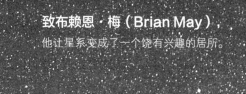

致布赖恩·梅（Brian May），
他让星系变成了一个饶有兴趣的居所。

前　言

————————✦————————

在20世纪的前25年里，星系的存在从理论猜想变成了可观测的事实。
到20世纪30年代初，尽管精度不高，但是人们仍然估算出了数个近
邻星系的距离，并确定宇宙在膨胀。银河系成为庞大星系家族的一员，后者因自
身所包含的恒星而发光。在可见光图像中，星系在太空中彼此分离，将其视为孤
立区域的想法由此而生，这一"岛宇宙"的观念持续了数十年。

1950年后，随着大型光学望远镜和新技术的出现，人们对星系的认识变得愈
加丰富。射电望远镜观测发现，星系中常常存在数十亿倍于太阳质量的星际气体，
一些星系会在射电波段释放出其大部分能量，这需要大量注入以近光速运动的电
子。由这些数据和X射线观测可知，大多数巨型星系的中心可能都潜藏着数百万
倍于太阳质量的黑洞。

在确认了大爆炸模型后，星系显而易见形成于早期宇宙中，进而演化出现在
的结构。然而，仅由普通重子物质组成的星系理论模型无法给出可靠的结果。答
案来自一个意想不到的地方。对于盘星系，如果它们仅由可见的恒星和气体组成，

那么旋转速度在距其中心较远处就会减小，但实际情况并非如此。显然，有额外且不可见的暗物质晕包裹着这些星系，并占据了其绝大部分的质量。暗物质主导的星系模型不仅符合观测数据，还有助于发展出可检验的星系形成理论框架和此后演化出的理论框架。

到 20 世纪末，哈勃空间望远镜和 8~10 米口径的地面望远镜为研究年轻星系开辟了途径。如果望远镜有足够的灵敏度，天文学的一大优势是可以直击遥远的过去。这些研究和后续多波段的观测发现，年轻星系小且会相互作用，并可能具有极高的恒星形成率。在其他情况下，年轻的超大质量黑洞可通过吸积气体乃至恒星快速生长，向外输出相当于数万亿个太阳的能量。正如暗物质模型所提出的，年轻星系借由并合进行等级式生长，绝非是 20 世纪 30 年代所认为的"岛宇宙"！

那么，人们对星系的认识目前到了哪一阶段呢？星系是复杂的物理系统，它随着时间经历了剧烈演化，把气体转变成长存的恒星，抑或是黑洞吞食普通物质，星系也会与环境相互作用。暗物质晕已是标准模型，通过比较日臻完善的宇宙大尺度结构形成演化模拟与不断丰富的观测数据，该模型正不断经受着检验。得益于可工作在大部分电磁波谱上的高性能望远镜，人们可以观赏和研究肉眼不可见的复杂星系；与此同时，在把星系分解成无数恒星或星际气体的奇妙结构时，人们还能欣赏到天体之美。

本书会从 21 世纪的视角来介绍星系世界。自从近 100 年前发现星系以来，人们已对其有了很多认识，但想要完全了解这些宇宙的奇迹，仍有很长的路要走。如果你有机会通过望远镜观看星系，它们大多数时候就是一团模糊的光斑，尽情欣赏本书中众多的星系图像吧，由此你会更全面地认识你看到的宇宙奇迹。

杰伊·加拉格尔（Jay Gallagher）
写于美国威斯康星州麦迪逊市

仙女星系鲜艳的颜色

这张仙女星系壮观的图像展示了它充满活力的色彩，有恒星暴发式形成的蓝色旋臂，以及其中央核心附近年老黄色的恒星族群。

引　言

————　✦　————

凝望夏日星空

我在美国俄亥俄州牛津小镇长大，14岁时被邀请去参加了当地的一个星空派对。有人在那里放了一架6英寸（15.24厘米）口径的望远镜，我瞬间意识到，我可以走到外面的院子里，凝视宇宙的深处。在那次星空派对（我的第一个星空派对）上，土星吸引了我的注意。很快，我便开始在自家后面的一大片玉米地里夜复一夜地用一架7×50双筒望远镜探索星空。

那是一个精彩的双筒望远镜观星之夏！我曾对星空几乎一无所知，也没有望远镜。无论是沿着闪闪发光的银河背景观察一个星团，或是偶遇一颗色彩艳丽的亮星，每一番新的景象都是一个新发现。那年夏天，我迈出了深入了解星空的第一步，而这却是在程控自动寻星望远镜时代绝大多数天文爱好者所缺乏的。

不久，我的双筒望远镜视野就进入飞马大四边形及其附近的仙女座。在那里，我在一个椭圆形的模糊光斑中看到了一颗朦胧的亮星，我很快了解到这是一个相当特别的"深空天体"。

我邂逅了仙女星系。一旦我知道它是什么后,我也学会了在俄亥俄州黑暗的夜空下仅用肉眼来观察它。事实上,对大多数人来说,它是肉眼所能看到的最遥远天体。仙女星系是一个类似于银河系的星系,距地球约 250 万光年,也就是 5 700 万亿千米,真的很遥远。(在理想的夜空条件下,一些经验丰富的观测者声称用肉眼可以看到更遥远的星系,例如 M33 和 M81。)

直到 20 世纪 20 年代初,还没有人知道星系是什么。此外,人们也不知道宇宙有多大。在此之前的几十年里,"旋涡星云"一直被认为是银河系中的特殊气体云。20 世纪 20 年代初,美国天文学家埃德温·哈勃(Edwin Hubble)在威尔逊山天文台有了突破性的发现,他发现了星系的基本性质。在洛厄尔天文台天文学家维斯托·M. 斯里弗(Vesto M. Slipher)的协助下,哈勃和其他人至少在一级近似下破解了宇宙距离尺度。到了 20 世纪 20 年代末,天文学家和天文爱好者意识到,人类生活在一个充满星系的宇宙中,银河系和仙女星系只是其中的 2 个。

随着对星系的了解越来越多,我开始阅读能找到的每一本书,沉浸在这些遥远的天体之中。我们社区下辖位于俄亥俄州西南部的迈阿密大学,以社区中的大学生作为主力,建立起了一个名为俄亥俄牛津天文协会的小型天文俱乐部。那时他们正在寻找一个专栏作家来撰写星系和天空中其他遥远天体的有关内容,这些太阳系以外的天体被统称为"深空天体"。我开始撰写有关自己观测经历的专栏,进而开始创办一份小型的"杂志"(其实是一份通讯,最初用我父亲在迈阿密大学化学办公室的油印机来印刷)《深空月刊》(Deep Sky Monthly),杂志中报道了许多星系,其发行量自创刊起在 5 年内增长到 1 000 册。

人们对观测星系的兴趣日益浓厚与大型望远镜在天文爱好者中迅速普及相契合,后者被称为"多布森革命"。旧金山地区的天文爱好者约翰·多布森(John Dobson)发明了一种由廉价的反射镜制造的大型望远镜,这种望远镜安装在简单的底座上,可以像战列舰的炮塔一样上下左右移动。天文爱好者手里的望远镜越大,意味着会有越来越多的人可以看到更暗弱的天体,其中就包括无数的星系。人们对观星的兴趣也由此飙升。

《星系》（*Galaxies*）画册是我早期发现的书籍之一，伟大的科普作家蒂莫西·费里斯（Timothy Ferris）为其配写了精妙的科学文字。该书出版于1980年，包含了大量漂亮的照片和精巧的图表，以近乎三维的方式展现银河系和近邻星系的结构。我很喜爱这本书，它对我和我早期的天文兴趣产生了很大的影响。

1982年，我刚从迈阿密大学毕业便受雇成为《天文学》（*Astronomy*）杂志的助理编辑，它是世界上发行量最大的天文学杂志。于是，我带着自创的小杂志去了密尔沃基。《深空月刊》更名为《深空》并成为季刊，这本关于观测星系、星团和星云的杂志在发行的10年里，发行量最高达到了15 000册。到1992年，杂志社认为我不应该把1/4的时间花在这本小杂志上，而应该把所有的精力都放

在《天文学》上。2002年，我成为《天文学》杂志的第6任主编。40年来，我一直喜欢以各种形式写关于星系的文章。

作为我早期的最爱之一，蒂莫西·费里斯的书我至今仍珍藏着。但在过去40年里，人们对星系各个方面的认识实际上都发生了变化。在我的脑海里，我总是想为下一代修订这本书，它会讲述银河系的棒旋结构、对本星系群中近邻星系的更深入认识、宇宙中星系团，以及超星系团的大尺度结构、无处不在的黑洞，还有许多在40年前无法深入探讨的话题。

这便是本书的由来。我盛邀各位读者和我一起乘上想象的宇宙飞船，前往遥远的宇宙，探索那个人们不再陌生、40年前几乎无法想象的宇宙。

目　录

第一章

什么是星系

✳ ✳ ✳

海浪拍打着圣莫尼卡的沙滩，大片的森林点缀着这座城市北部的山脉，公路网在各处纵横交错。1923 年的美国洛杉矶，人口约为 100 万，只有现在的 1/4，它当时正处于人口爆炸性增长阶段。当年，因测量单个质子或电子（基本粒子）所携带的电荷以及对光电效应的研究，包括观测到许多金属在被光子照射后会发射电子，美国加州理工学院的物理学家罗伯特·密立根（Robert Millikan）获得了诺贝尔物理学奖；著名女飞行员阿梅莉亚·埃尔哈特（Amelia Earhart）会定期在这里上飞行课；好莱坞露天剧场刚刚对外开放音乐会演出；一个名叫沃尔特·迪

✳

小知识

星系是被暗物质晕所包裹的恒星、气体和尘埃的巨大集合，而暗物质是构成宇宙大尺度结构的基本要素。宇宙中的星系种类繁多。

士尼（Walt Disney）的年轻漫画家钱包里装着 40 美元来到镇上。

这里尽管日后会在科技领域获得知名度，但彼时仍未起步，没有人知道宇宙的大小和范围。人们虽然早已见过天空中最明亮的星系，即仙女座中的模糊光斑和南半球的 2 个麦哲伦云，但还没有人确切知道它们是什么。新的问题浮出了水面：宇宙有多大？它是无限的吗？很快，洛杉矶将在确定宇宙距离尺度上发挥关键作用。

一个难题浮出水面：
宇宙有多大？
是无穷大吗？

2.5 米口径望远镜

1923 年 10 月 4 日，在这个不寻常的西部天堂中央，性急的年轻天文学家埃德温·哈勃离开了帕萨迪纳，来到离洛杉矶不远的威尔逊山天文台，那里的 2.5 米口径胡克望远镜是当时世界上最大的望远镜。哈勃出生在密苏里州，后来去了伊利诺伊州，毕业于芝加哥大学，此后以罗德学者身份在牛津大学获得硕士学位。在 25 岁重返学校攻读博士学位后，他才开启自己的天文学事业，此时已是哈勃在威尔逊山天文台工作的第 4 个年头。他很喜欢用 2.5 米口径的胡克望远镜来研究自己最感兴趣的天体：散布于天空中的模糊星云——神秘的发光气体云。

尽管有人怀疑它们是恒星的诞生地，但还没有人完全了解这些星云。19 世纪中期，富有冒险精神的天文爱好者、第三代罗斯伯爵威廉·帕森斯（William Parsons）在爱尔兰乡村借助他的巨型望远镜率先描绘出星云的旋涡结构，看起来就像发着微光的螺旋体。即便如此，人们在近一个世纪后对它们的了解仍然很少。哈勃对解开星云的秘密很感兴趣，尤其是旋涡星云。他在博士期间的研究就围绕着这个主题。这些星云的旋涡形状表明它们在旋转，但除此之外哈勃和其他天文学家对星云一无所知。

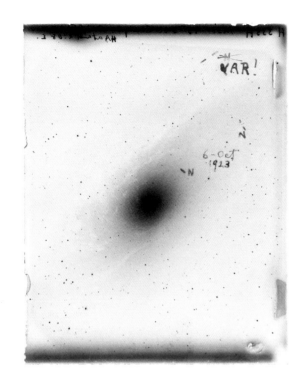

定义星系的底片

　　1923年10月5日，在洛杉矶附近的威尔逊山天文台，天文学家埃德温·哈勃用2.5米口径的胡克望远镜对"仙女星云"进行了曝光。在分析底片之后，哈勃兴奋地认为自己记录下了一颗新星，即一颗正在爆发的恒星。他用字母"N"标记这颗恒星，它就位于他在底片上画的两条短线段之间。正是这张编号为H335H的著名底片解开了宇宙最大的秘密之一。不久后，哈勃意识到自己看到的不是新星，而是一种被称为造父变星的特殊变星，它具有一个著名的特性。因为造父变星的绝对星等和光变曲线已众所周知，天文学家可以利用造父变星来确定它们的距离。哈勃惊讶地发现，仙女星云实际上是一个遥远的星系，距离地球可能有100万光年，比当时天文学家认为的整个宇宙还要远得多。通过这张照相底片，哈勃还发现了星系的本质。（现在知道仙女星系距离地球的真实距离为250万光年。）这一底片（左）及其放大图（下）显示了仙女星系的核心区域以及底片右上角著名的标记：表示"新星"的"N"被划掉，哈勃用红墨水写上了"VAR!"。

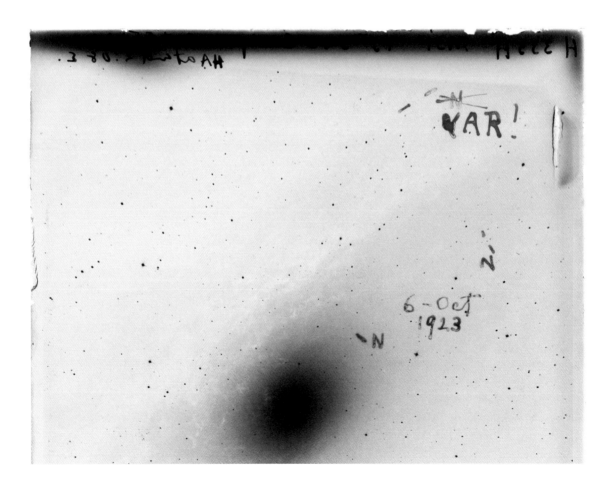

　　1923 年 10 月 4 日晚，哈勃用 2.5 米口径胡克望远镜对最喜欢的星云之一——仙女座中的大星云进行了 40 分钟的曝光。这个旋涡状星云很大、很亮，远离洛杉矶城市灯光后肉眼依稀可见这团模糊的光斑。由于当晚地球大气较为湍动，在哈勃拍照时"视宁度"非常差，因此星像并非是完美的小点状。尽管如此，哈勃在检查自己拍摄的照相底片时发现了一颗疑似新星，一颗正在爆发的恒星。在旋涡星云中记录到这样一个相对罕见的事件着实令人兴奋。

　　哈勃在第二天晚上再次观测了仙女星云，希望获得这颗疑似新星的更高质量图像。拍摄于 1923 年 10 月 5—6 日晚、标号为 H335H 的照相玻璃底片成为天文

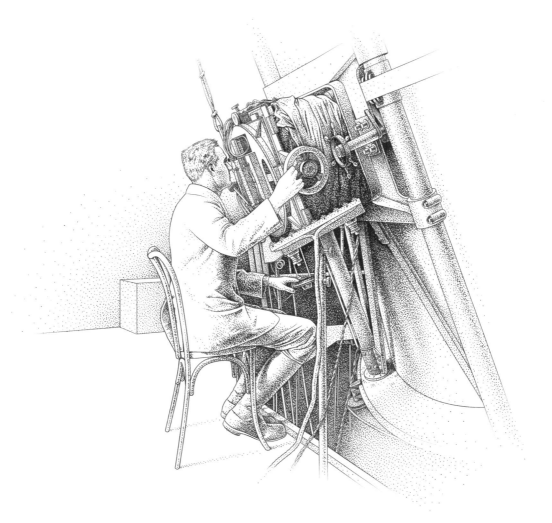

学史上最著名的底片之一，在它上面，哈勃再次成功地记录下了这颗新星。但在哈勃准备对其进行深入分析之前，他观测时间到了，不得不让位于其他观测者。一大早，他就离开了威尔逊山，返回帕萨迪纳。

在远离山顶天文台、位于帕萨迪纳的办公室里，他继续研究由其他人拍摄的这一仙女星云区域的更早图像。随即，他有了一个不寻常的发现：这颗新星急剧增亮，随后变暗消失。但他记录的这颗恒星还出现在更早的底片上，在 31 天的时间里有规律地增亮和变暗，这说明这颗恒星并不是新星。它一定是仙女星云里其他类型的恒星。

哈勃的突破

突然，哈勃想到了答案。他意识到自己所拍摄图像中的恒星与仙王座中的一颗著名恒星很相似。他在 H335H 底片上表示新星的"N"上画了个叉，又写上了表示变星的"VAR!"字样。此外，这颗恒星是一种特殊类型的变星，会以精准的方式增亮和变暗。天文学家长期以来一直在研究这种恒星，称它为"造父变星"（以仙王座中的一颗恒星命名），并且知道它的内禀亮度有多亮。通过比较这颗恒星的真实亮度和它在天空中的视亮度，哈勃把这颗恒星用作路标来测量它的距离。

这是一个具有里程碑意义的发现。根据这颗恒星的暗弱亮度，哈勃通过计算发现它必定位于 100 万光年之外，因此围绕它的整个星云也必定如此。这意味着宇宙延伸的大小至少是当时大多数天文学家所认为的 3 倍。埃德温·哈勃凭借自己的照相底片"重置"了宇宙的大小。

> 埃德温·哈勃凭借底片，以一己之力"重置"了宇宙的大小。

2.5 米口径的胡克望远镜

如何亲眼看到星系

在哈勃有了这一发现后不久，天文学家开始狂热地收集夜空中许多疑似星系的较亮天体的数据。这其中包括了许多今天用小型望远镜就可以在夜空中看到的明亮星系。以下将介绍如何在夜空中观看星系。

✳ **选择一个月光微弱的夜晚。** 你需要一个晴朗、尽可能黑暗的夜空，同时观测地点要尽可能远离城市和其他光源。

✳ **使用一架 10 厘米或 15 厘米口径望远镜。** 这是可选的最小尺寸，但 20 厘米或 25 厘米口径望远镜的效果会更好，这样你就可以收集到更多暗弱的光线。

✳ **选择合适的时间。** 在夏季和冬季，夜空中的银河非常显眼，所以在春季和秋季其他著名星系才不会被银河掩盖，可以用一架天文爱好者望远镜进行观看。这些星系包括大熊座中美丽的旋涡星系 M81 及其近邻 M82、猎犬座的涡状星系（M51）、大熊座的 M101、后发座的黑眼睛星系（M64）、室女座的草帽星系（M104）和长蛇座的南风车星系（M83）。

星系的发现

哈勃的发现在研究其他旋涡星云的天文学家中掀起了一股热潮。随之而来的无数观测和后续研究持续了很长时间，天文学界开始争论和自我反省。1920年进行的一场辩论，参与者是当时著名的两位天文学家——普林斯顿大学的哈洛·沙普利（Harlow Shapley）和阿勒格尼天文台的希伯·柯蒂斯（Heber Curtis）。沙普利认为银河系构成了整个宇宙，而柯蒂斯则推测旋涡星云是银河系之外的独立星系，本质上是"岛宇宙"。虽然并不是每个人都认可，但哈勃的发现似乎证明柯蒂斯是对的。

哈勃继续对其他旋涡星云中的造父变星进行成像，例如三角座的M33，哈勃发现它们和仙女星云一样都非常遥远，因此认定它们是遥远的星系。哈勃的观测表明，星系是由恒星、气体和尘埃组成的宇宙基本单元，且在非常大的尺度上普遍存在。有许多人对此抱怀疑态度，其中最主要的是沙普利，但哈勃仍努力向前。随后，这位35岁自信的天文学家的发现在1924年11月登上了《纽约时报》（New York Times）的头版。在支持者的鼓励下，他提交了一篇总结上述成果的论文，计划在1925年的美国天文学会（一个专业的天文学家组织）冬季会议上宣读。普林斯顿大学的著名教授亨利·诺里斯·罗素（Henry Norris Russell）在会议上大声朗读了这篇论文，从此星系开始被广泛接受。

> 哈勃的观测表明，星系是由恒星、气体和尘埃组成的宇宙基本单元，它们的规模非常惊人。

小知识

我们居住的星系被称为银河系，它包含约4 000亿颗恒星，太阳只是其中一颗。

星系颜色的突破

　　几年后，哈勃又取得了一项重大进展——得出星系的光谱是其全部的恒星和气体所发出光的集合的结论。1929 年，哈勃和其他天文学家记录下了许多星系的光谱，发现它们似乎向光谱的红端发生了移动，即它们所发出的光的波长增大、频率降低。早在 1912 年，亚利桑那州洛厄尔天文台的天文学家维斯托·M.斯里弗（Vesto M. Slipher）首次发现了这一效应。

　　每当救护车拉响警报从你身边经过时，你都会感受到这一多普勒频移效应。当救护车靠近时，由于声波的波长减小、频率升高，警报的音调会升高；当救护车经过并远离时，由于声波的波长增大、频率降低，警报的音调会下降。光也是

与银河系相似的星系
哈勃空间望远镜·斯隆数字化巡天

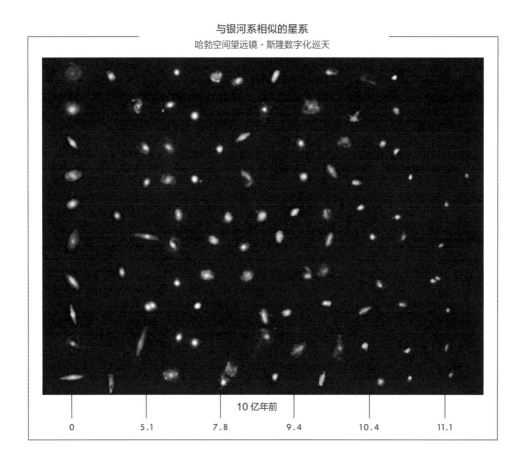

10 亿年前

| 0 | 5.1 | 7.8 | 9.4 | 10.4 | 11.1 |

如此。当天体朝向我们运动时，它们发出光的频率会升高，向光谱的蓝端移动；当它们远离我们的时候，它们发出光的频率会降低，向光谱的红端移动。因此，遥远星系光谱的"红移"表明这些星系正在远离我们。这意味着宇宙不仅比此前认为的要大得多，而且随着时间的推移还会膨胀甚至变得更大。

小知识

100万秒差距约等于326万光年，光年指的是光在真空中传播1年所运动的距离，约为9.5万亿千米。

宇宙大爆炸

哈勃的研究以天文学家斯里弗和米尔顿·赫马森（Milton Humason）的早期研究为基础，研究结果表明，所有星系总体上都在随着时间远离彼此。哈勃还发现，红移可以用来计算星系的距离。

这项研究带来了一个里程碑式的认识。1929 年，在比利时天文学家乔治·勒梅特（Georges Lemaître）的助力下，哈勃提出，他收集到的关于星系的新数据支持如下的理论：如果回溯时间，所有星系的路径都指向一个小而高密度的点，在那里，整个宇宙始于数十亿年前的一次"大爆炸"。这次大爆炸引发了宇宙的膨胀，导致所有星系在空间中更快地远离彼此。整个宇宙似乎在分崩离析。

哈勃分析了 46 个星系，计算出了宇宙膨胀的速率——哈勃常数。他计算得到的速率约为每百万秒差距是 500 千米 / 秒，远远高于当前已知的正确值。

对页图 **银河系的"童年相册"**

借助强大的哈勃空间望远镜，天文学家研究了 400 个与银河系类似的星系，并制作了这幅银河系随着时间演化的图像。他们认为，银河系始于一个拥有古老恒星的低质量蓝色气团，后来演化出了具有中心核球的扁平星系盘，最后变成了今天所知的棒旋星系。

哈勃和宇宙膨胀

宇宙膨胀的确定使得哈勃的威信高涨。这是个重大事件：哈勃为伟大的物理学家阿尔伯特·爱因斯坦（Albert Einstein）的理论提供了大量的证据支持。爱因斯坦在哈勃之前提出，宇宙的时间和空间都在膨胀，而宇宙本身也大得几乎难以想象。

到 20 世纪 30 年代末，伴随着哈勃的重大发现，星系之于宇宙的重要性变得日益清晰。天文学家意识到，宇宙的绝大部分充斥着黑暗。仅有极少量的物质存在于星系之外；包括恒星、气体、尘埃以及行星在内，所有发光的普通物质都位于星系中。宇宙就像一片汹涌无边的大海，星系则宛如漂浮其上的几叶扁舟，在它们之间，唯有无尽的黑暗和死寂的太空。

星系分类

截至当时，哈勃已知晓星系具有多种类型，进而在"音叉图"上对它们进行了分类。其中包括类似仙女星系的"旋涡星系"，类似旋涡星系、但中心有一个矩形棒状物质结构穿过的"棒旋星系"，恒星、气体和尘埃呈椭球形分布的"椭圆星系"，形似透镜的"透镜状星系"，以及相对而言物质分布结构不明显的"不规则星系"。20 世纪 30 年代末，天文学家又发现了一类新的"矮椭球星系"，此后还发现形状高度扭曲的"特殊星系"。到 20 世纪 50 年代末，根据美国得克萨斯大学法国天文学家热拉尔·德沃库勒尔（Gérard de Vaucouleurs）的研究，一种改进的星系分类方法被设计出来。

使用望远镜，在暗黑的夜空中能看到所有这些类型的星系。它们包括：

小知识

可根据特征和行为来分类星系。例如，相互作用或并合星系是纠缠在一起的星系对或群。

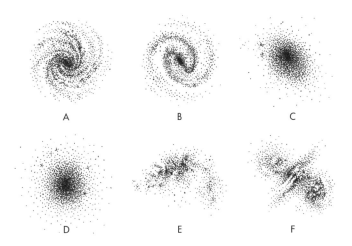

A B C

D E F

✳ **旋涡星系（A）：** 向日葵星系（M63）、IC 342 和 NGC 1232

✳ **棒旋星系（B）：** NGC 1300、NGC 1512、NGC 1530、NGC 4921 和 NGC 5701

✳ **椭圆星系（C）：** M49、M87 和 NGC 1052

✳ **透镜状星系（D）：** M84、NGC 2787 和 NGC 4111

✳ **不规则星系（E）：** NGC 1569、NGC 3239 和 NGC 4214

✳ **特殊星系（F）：** Arp 81、Arp 220、半人马 A、天炉 A、M82 和英仙 A

　　德沃库勒尔的分类方法更复杂，像一个三维的"宇宙柠檬"，可以解释星系基本类型的更多性质。对于旋涡星系，它包含棒状结构的更多细节、星系是否具有物质环状结构和旋涡星系旋臂缠绕的松紧程度。德沃库勒尔还整理了不规则星系的细节，并把特殊星系视为星系的"车祸"现场，即它因与附近星系相互作用而形状扭曲。

天文学家如何分类星系

自 20 世纪 20 年代埃德温·哈勃在美国威尔逊山天文台首次证明星系是银河系之外的"岛宇宙"起，天文学家便一直在努力对星系进行分类。哈勃发现可以把绝大多数星系划归成几大类，包括椭圆星系、旋涡星系和棒旋星系，并把它们编排进了一个"音叉图"。

从所包含恒星数目比球状星团还少的近邻矮星系，到极其庞大的 M87，星系间有着悬殊的大小和质量。星系具有一系列的结构，包括核球、盘、棒、环和旋臂。

星系结构中更微妙的细节需要比哈勃的分类方法更细致的新分类方法。20 世纪 50 年代末，根据对几百个南天星系的观测，热拉尔·德沃库勒尔设计了一个三维音叉图（见对页）。

不过，这个分类不适用位于更年轻、更小也更拥挤宇宙中的遥远星系。此外，对数万个星系的新巡天发现，在颜色—亮度图上它们会占据 2 个不同的区域。目前，还不清楚如何根据不同星系类型间的差异来自然地调和这一现象。

仔细观察对页图。弯曲并旋转哈勃的"音叉图"，就可以得到德沃库勒尔从 20 世纪 50 年代末开始研究的柠檬状"分类空间"。普通星系占据上半部分，棒旋星系则位于下半部分。从左到右依次为不同的星系类型。根据在"分类空间"中的位置，用字母来标记每个星系。"柠檬"的高度反映了每种星系类型的相对数量。

小知识

从地球的视角观察，椭圆星系呈椭圆形。它们实则呈球形或橄榄球形，由大量恒星组成，周围散布着球状星团，外围则有一个巨大的暗物质晕。

A 普通星系
S 型
R 型
B 棒旋星系

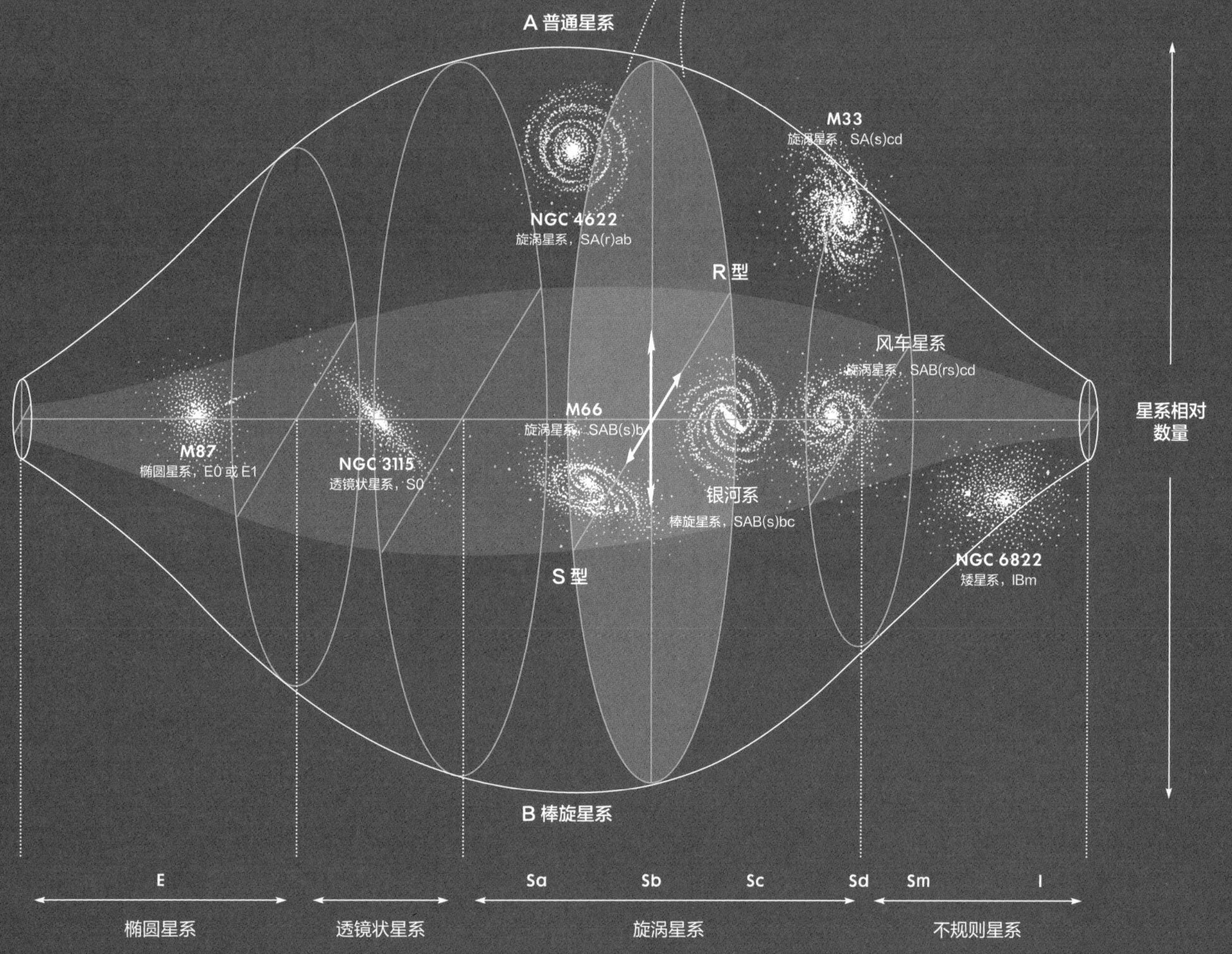

A 普通星系
M33
旋涡星系，SA(s)cd
NGC 4622
旋涡星系，SA(r)ab
R 型
风车星系
旋涡星系，SAB(rs)cd
M66
旋涡星系，SAB(s)b
M87
椭圆星系，E0 或 E1
NGC 3115
透镜状星系，S0
银河系
棒旋星系，SAB(s)bc
NGC 6822
矮星系，IBm
S 型
星系相对数量
B 棒旋星系
E
Sa
Sb
Sc
Sd
Sm
I
椭圆星系
透镜状星系
旋涡星系
不规则星系

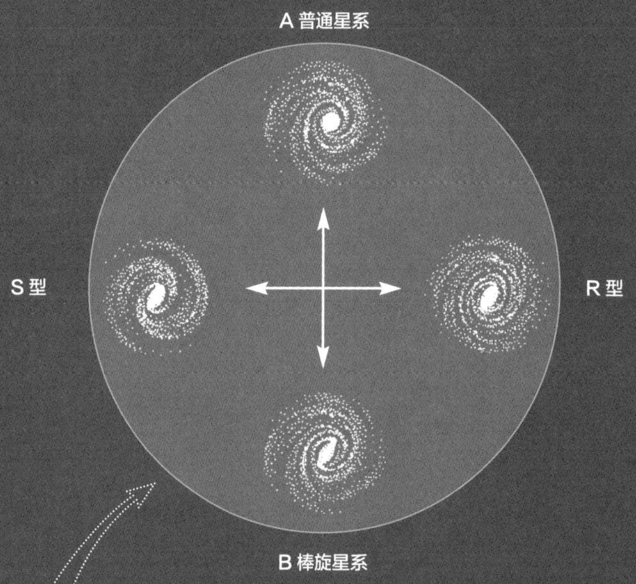

不可思议的宇宙范围

多年来，根据深度星系巡天的结果，天文学家提出宇宙中存在约 1 000 亿个星系。2016 年的一项研究表明，星系的总数可能高达 2 万亿。不过，这项研究关注的是早期宇宙，许多星系会随着时间并合，使得当前星系的总数减少到约 1 000 亿。我们只不过是住在其中一个星系里，也就是银河系。这些宇宙的基本结构就像漂浮在无垠黑暗海洋上的船只，让我们得以窥见银河系之外的世界，让我们了解存在于宇宙的意义。

自 20 世纪 20 年代以来，天文学家发现了越来越多的星系，由此获得了一个对宇宙的根本认识——宇宙真的很大！试想你乘坐一艘宇宙飞船，在宇宙中旅行，看到了距离越来越远的天体。再试想这艘宇宙飞船可以以宇宙中已知的最快速度（光速）飞行。这个速度约为 300 000 千米 / 秒，这也是组成光的粒子光子撞击你眼睛的速度，由此你才能进行阅读。（光子能达到如此高速是因为它们的静止质量为零，而宇宙飞船有质量，所以它不可能运动得这么快。但为了理解宇宙的大小，这里假设宇宙飞船可以以光速飞行。）

小知识

作为最常见的星系类型，旋涡星系的旋臂会在一个发光的盘中缠绕着星系中心。旋臂是由密度波形成的，密度波是比周围区域密度更大的波脊。旋涡星系包含一个由恒星和气体组成的盘、一个由恒星和气体组成的中心核球、一个由球状星团组成的巨大晕，以及一个由暗物质组成的外晕。

作为宇宙的基本结构，星系就像漂浮
在茫茫黑暗海洋上的船只。

飞向星系

乘坐这艘宇宙飞船，我们从银河系出发。路过的距银河系最近的星系是人马矮椭球星系，它是一个围绕银河系转动的微小星系。如果宇宙飞船以光速飞行，那么到达这个星系要花 70 000 年时间。还有一个丈量这些遥远距离的方法，那就是了解我们所看到的来自其他星系的光线穿过太空到达地球所花的时间。如果我们今天所见的人马矮椭球星系的光线是在人类于南非的洞穴中创造出最早的艺术作品之时开始向地球传播的，那么飞行 163 000 年，就会到达银河系最大的伴星系大麦哲伦云，飞行 200 000 年能到达银河系的另一个伴星系小麦哲伦云。

小知识

星系团是由相互引力维系在一起的星系集合。它们包含十几个或更多的大型旋涡星系或椭圆星系，可能还有数百个较小的星系。星系团通常横跨数千万光年。

对我们来说，太阳系内其他天体距离地球很遥远，但与前往其他星系的旅程相比，太阳系内天体间的距离就显得微不足道了。

但是这些都是离我们非常近的矮星系。仙女星系是最大的近邻星系，我们乘坐的宇宙飞船要飞行 250 万年才能到达。今晚所见的仙女星系所发出的光自从人类最早的祖先出现在地球上之时便开始在太空中传播。

以上只是离我们最近的几个星系。继续飞行，你会逐渐发现不计其数的奇美星系。包括漂亮的旋涡星系 IC 239、M100、M106、NGC 210、NGC 2683、NGC 2841、NGC 3310、NGC 3338、NGC 4565 和 NGC 6946。你可能还会遇到多重星系，比如狮子三重星系（M65、M66、NGC 3628）、M81 和 M82，或者是星系群希克森 31。一些看起来是有关联的星系，比如 NGC3314，会随着飞船的靠近而彼此远离，它们也不再会在视线方向上共线。还会遇到无数奇特、扭曲的星系，它们是黑洞相互作用或黑洞破坏的结果，例如 Arp 188、ESO 243-49、NGC 474、NGC 660、NGC 2685、NGC 4622、NGC 5291、NGC 7714 和 UGC 697。

通过读这本书，你将会了解宇宙是多么的浩瀚神奇，并且明白，从根本上说，宇宙中充满了星系。乘坐光速飞船，要花 5 000 万年的时间到达室女星系团。更多从地球上可见的、遥远的星系以星系团或超星系团的形式排列，其中一些距离地球有数亿或数十亿光年之遥。因此，即使以已知的最快速度飞行，到达可见的最遥远星系仍需要 130 多亿年的时间。生活在太阳系中太阳旁第三颗行星上，我们很容易忽略宇宙是有多么的广袤无垠。但探索宇宙中越来越遥远的星系能让我们了解宇宙自何处来，又要去往何方。

对页图 **NGC 7424：一个壮丽的正向棒旋星系**

我们如果能从很远的地方观看银河系的正面，会发现它和位于南天天鹤座的 NGC 7424 非常像。NGC 7424 距离地球 4 000 万光年，直径 100 000 光年，和银盘一样大。众多的大质量星团和粉红色的产星电离氢区散布于它的旋臂上。

前页图　紫外波段下的仙女星系

　　在高能紫外波段的图像中，仙女星系的旋臂看起来像环。这源于散落在旋臂上的年轻大质量恒星所发出的高能辐射。强烈的恒星形成过程是仙女星系与伴星系M32发生过交会的一个证据，M32在M31核心左上方的旋臂之上呈一个模糊的光斑。

本页图　仙女星系的中心区域

　　尽管仙女星系距离地球250万光年，但从由哈勃空间望远镜拍得的这幅惊人拼接图像中仍能分辨出其中的单颗恒星。左边是该星系最内部的中心区域，右边是旋臂的一部分。年轻蓝星区域显示了近期恒星形成区。

背页图　仙女星系的黑白图像

　　作为著名的银河系邻近星系，仙女星系的单色图像揭示了其旋臂的复杂细节、星系中心附近的旋涡气体云区域，以及M32（仙女星系中心左上方）和NGC 205（仙女星系中心下方）这2个伴星系。

本页图 **NGC 266：核心活跃的棒旋星系**

　　不寻常的棒旋星系NGC 266位于双鱼座，距离地球约2.15亿光年。它是一个低电离星系核型星系，意味着它有一个明亮且活跃的核，在那里有一个中心黑洞在向外释放出能量。

本页图 NGC 6744：与银河系相似的星系

　　位于南天孔雀座的明亮星系NGC 6744是银河系的放大版。这个棒旋星系直径175 000光年，是银河系直径的1.75倍。它的结构与银河系相似：有一个核心、穿过其中心的明显棒结构，以及充满耀眼恒星和气体的发光旋臂。

背页图 壮丽的侧向草帽星系

　　位于室女座的草帽星系（M104）是天空中最大的侧向星系之一，大多数人说它看起来像一个飞碟。这个星系由一个巨大的旋转星系盘组成，边缘有一条显眼的尘埃带，被一个由气体和恒星组成的发光晕所包裹。它距离地球2 900万光年，直径为49 000光年，约是银河系的一半。

对页图 **NGC 1569：具有星暴的近邻星系**

　　不规则矮星系NGC 1569位于鹿豹座，距离地球约1 100万光年。这个小型星系正在经历一个大规模且持续的星暴事件：在过去的1亿年里，它形成恒星的速率是银河系的100倍。该星系中的大量明亮蓝色星团年轻且高温，还有许多超新星在该星系中闪耀，产生了独特的气体泡。

本页图 **NGC 2787：透镜状星系的特写**

　　位于大熊座的透镜状星系NGC 2787是这种形似透镜的星系类型中比较有名的一个。它距离地球2 400万光年，有一个被恒星和气体晕包围的、非常明亮的核心，星系周围则紧密缠绕着尘埃带。这个星系有一个中心黑洞，其质量与银河系的相当。

背页图 **NGC 1300：一个动人的正向棒旋星系**

　　波江座的棒旋星系NGC 1300是一个"宏象"星系，有着清晰的旋臂和一个明显凸出的棒结构。它的大小与银河系相当，距离地球约6 000万光年。其中心超大质量黑洞的质量几乎是银河系的2倍，约是太阳质量的730万倍。

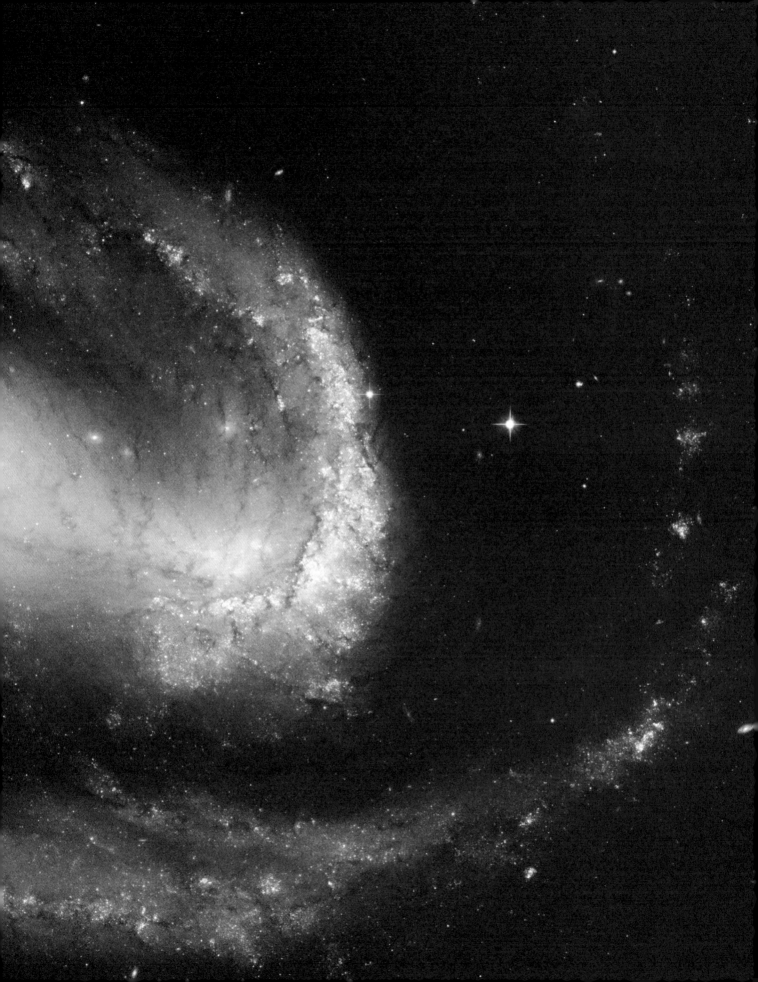

NGC 1530: 拥有"迷你旋涡"核心的棒旋星系

　　位于鹿豹座的棒旋星系NGC 1530距离地球约8 000万光年,几乎正向对着我们的视线方向。它非常突出的棒结构连接着巨大而清晰的旋臂。该星系中心的旋涡图案让人联想到星系本身的旋涡形状。

NGC 3239：一个拥有超新星的、扭曲不规则星系

　　狮子座中的奇特天体NGC 3239是一个不规则星系，具有一对奇特而扭曲的旋臂状伸展结构，这表明它曾经与另一个星系发生过剧烈交会。该星系距离地球约2 500万光年，直径约40 000光年。该星系中心上方的那颗亮星是一颗前景星，位于前景星右下方的是超新星2012A，当这颗年老的恒星死亡时，它会短暂地增亮。

对页图

奇特的棒旋星系NGC 4921

　　后发座中的棒旋星系NGC 4921是一个遥远的天体，距离地球约3.2亿光年。由于该星系中的恒星形成率极低，加拿大天文学家悉尼·范登伯格（Sidney van den Bergh）称其为"贫血"星系。可爱的旋涡图案围绕着中间的棒结构，看起来像一幅精致的手绘画。

顶图

优美的正向棒旋星系NGC 5701

　　棒旋星系NGC 5701位于室女座，距离地球约7 700万光年，看起来与银河系非常相似。

底图

环绕星系NGC 1512的年幼星团

　　棒旋星系NGC 1512位于南天的时钟座，距离地球约3 800万光年。它明亮的黄色星系盘被一群蓝色的年幼星团所环绕，其中心的棒结构因太过暗弱而无法观测到。天文学家认为，棒结构把气体输送到外环，从而形成了大量的恒星。

向日葵星系紧紧缠绕的旋臂

　　位于猎犬座的M63，有时也被称为向日葵星系，距离地球约2 700万光年。它很明亮，是天文爱好者喜爱的观测目标之一。M63是一个絮状星系，有着斑驳、模糊不清的旋臂。它也是一个低电离星系核星系，拥有一个由超大质量黑洞驱动的活跃核心。

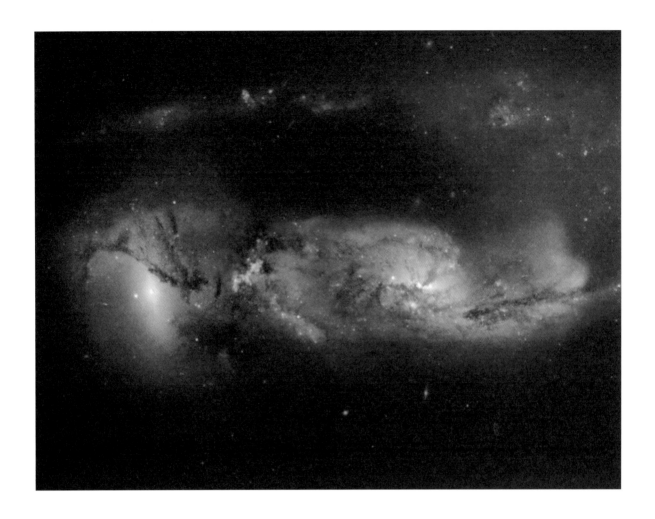

对页图　NGC 1073：一个精美的正向棒旋星系

　　这个迷人的棒旋星系位于鲸鱼座，距离地球约5 500万光年。它具有一个大型的中心棒结构，但不同于银河系，它的旋臂相对不对称。

本页图　ARP 81：正面碰撞的星系

　　天龙座中2个扭曲的星系在潮汐作用下相拥：它们是NGC 6622（左）和NGC 6621，合称为ARP 81。这幅合成图像展示了扭曲的气体和恒星流、混乱的恒星形成以及横跨图像顶部的巨大潮汐尾。该潮汐尾长200 000光年，是银河系直径的2倍。这2个星系间相距约2.8亿光年。

仙女座中的IC 239距离地球约4 600万光年。该星系被明亮的前景恒星环绕，在望远镜中呈现出迷人的景象。

底图 **棒旋星系NGC 210和其透镜状的中心**

位于鲸鱼座的NGC 210是一个非常明亮的棒旋星系，距离地球约6 700万光年，具有非常明亮且呈透镜状的核心，其棒结构则相对难以识别。该星系模糊的旋臂表明它可能正在演化成一个环状星系。

对页图 **NGC 1398：另一个与银河系相似的星系**

美丽的棒旋星系NGC 1398位于南天的天炉座，具有与银河系相似的结构。这个星系比银河系稍大，直径约135 000万光年，距离地球约6 500万光年。

背页图 **夜空中最美的侧向星系，一根纤细的光针**

夜空中在恰好侧对着我们视线方向的星系里，位于后发座的NGC 4565是最明亮、最突出的。从我们的视角看去，它的星系盘就像一根纤细的银针。它距离地球约4 300万光年，位于室女星系团中，具有一个显眼的中心核球，表明它可能是一个棒旋星系。

42

狮子三重星系：M65、M66和NGC 3628

　　把低倍目镜视场对准狮子座的右侧，就能一举看到狮子三重星系的3个成员：M65（右上方）是一个棒旋星系，距离地球约3 500万光年；M66（右下方）也是一个棒旋星系，距离地球约3 600万光年；NGC 3628（左下方）是一个具有明显尘埃带的侧向旋涡星系，距离地球约3 500万光年。这3个星系是一个小星系群中最明亮的成员。

NGC 3338: 一个拥有壮观旋臂的星系

　　NGC 3338位于狮子座，距离地球约8 000万光年，其明亮、高度倾斜的旋臂缠绕着一个明显的椭圆形核心。

对页图 **多壳层和多潮汐尾的宇宙混合体**

奇特而扭曲的椭圆星系NGC 474位于双鱼座，距离地球约1亿光年。相邻的旋涡星系NGC 470位于其上方。由于与邻近星系相互作用以及密度波在介质中传播，在NGC 474周围形成了多壳层结构和多条潮汐尾。这个巨大天体的直径约250 000光年，是银河系的2.5倍。

本页图 **NGC 2683：一个迷人的侧向旋涡星系**

位于天猫座的旋涡星系NGC 2683几乎侧对着我们的视线方向，看起来像一根纤细的光针，是一个绝妙的望远镜观测目标。它或许是一个棒旋星系；因无法看见星系盘，这种朝向的星系难以分类。由于存在大量年老的黄星，该星系拥有一个非常明亮的核心，距离地球约2 000万光年。

本页图 **NGC 5291：一次古老的星系碰撞创造了一个贝壳**

图中央明亮的黄色星系是位于半人马座的NGC 5291，有时也被称为扇贝星系。这个高度扭曲的星系是星系并合的结果；其下方被潮汐瓦解的星系正在被撕裂，并将与更大的NGC 5291完全并合。这对星系位于富星系团艾贝尔3574中，图中可见该星系团中的其他成员。这对相互作用的星系距离地球约2亿光年。

对页图 **焰火星系：正向旋涡星系NGC 6946**

靠近天鹅座与仙王座的边界，位于天鹅座的NGC 6946的斑驳表面看起来像色彩绚烂的烟火。蓝色的旋臂环绕着黄色的中心，上面点缀着明亮的粉色活跃恒星形成区。该星系距离地球约2 200万光年，经常出现超新星爆发。1917—2017年，在这个星系中出现了10颗明亮的超新星。

对页图 高度扭曲的星系NGC 7714

NGC 7714是双鱼座中的一个旋涡星系，遭受了其近邻星系NGC 7715（不在图中）的交会撞击。后者可能像导弹一样穿过了该星系，在它的尾流中留下了一个扭曲的星系盘和巨大的恒星环。该星系距离地球约1亿光年。

本页图 高度扭曲的星系ARP 188及其蝌蚪尾巴

ARP 188是天龙座中的一个相互作用星系，有时也被称为蝌蚪星系。该星系距离地球约4亿光年，其一条长长的潮汐尾表明它在遥远的过去可能与一个或多个星系发生过引力相互作用。这条潮汐尾的长度超过280 000光年，其中的明亮蓝色恒星形成区是它的主要特征。

本页图 **NGC 4622：按不同的节奏旋转**

位于半人马座，不寻常的星系NGC 4622有时也被称为逆行星系。这是一个具有前导旋臂的罕见星系案例：在大多数星系中，旋臂尾随着星系盘运动的，然而在NGC 4622中，其旋臂引领着星系的旋转。这可能是由于该星系和另一个较小星系之间的引力作用所致。NGC 4622距离地球约1.1亿光年。

对页图 **NGC 3314：天空中星系的偶然排列**

宇宙很大，天空充满了黑暗，但有时天体会刚好在视线方向上排成一条直线。长蛇座中的NGC 3314看起来似乎是一对交织在一起的星系，但实际上它只是2个距离不同的星系在视线方向上的偶然相遇。前景正向星系NGC 3314a距离地球约1.17亿光年，在视线方向上直接叠加在了背景星系NGC 3314b的中心上，后者距离地球约1.4亿光年。

背页图 **NGC 2841：絮状旋涡星系**

由于旋臂的斑驳和不连续性，大熊座中的星系NGC 2841是一个絮状星系。哈勃空间望远镜获得了该星系中心区域的高分辨率图像，估算出它距离地球约4 600万光年。

第二章

深入银河系

✳ ✳ ✳

在一个温暖的夏夜出门，远离城市的灯光，当你的眼睛适应了黑暗后，你会看到一条暗弱的银河光带从头顶的天鹅座一直延伸到下方的人马座。

这条银河光带由数十亿颗恒星所发出的光聚集而成。因为我们身处其中，所以它看起来呈明亮的带状。事实上，银河系是一个棒旋星系，而太阳只是它所包含的几千亿颗恒星中的一员。

银河系包含一个由恒星组成且太阳也位于其中的银盘，一个潜藏着巨大黑洞并有恒星和气体绕其转动的辐射中心，以及远离太阳系的外围区域，在外围区域中拥有位于零散星团中的年老恒星和一个巨型的暗物质晕。此外，银河系有许多

✳

小知识

以300 000千米/秒的宇宙最快速度，光从银河系的一端运动到另一端，至少需要100 000年。

被引力束缚、围绕其运动的伴星系。接下来，我们将探索银河系的所有组成成分。

对星系的缓慢认识

公元前 4 世纪，古希腊哲学家亚里士多德认为，银河可能是由遥远恒星组成的。但直到公元 1609 年秋，作为观测科学奠基人之一的伽利略才率先用他研制的望远镜对准了发光的银河。他是第一个看到这条模糊光带是由无数颗恒星组成的人。1755 年，德国哲学家伊曼努尔·康德（Immanuel Kant）推测，银河系可能是一个由被引力束缚在一起的恒星所组成的巨大旋转体。康德还引入了"岛宇宙"这个术语来描述这个巨大的恒星集合体。在哈勃有了重大发现前，该术语一直被广泛使用。

随着 1923 年哈勃的重大发现以及随后天文学家哈洛·沙普利和希伯·柯蒂斯关于宇宙大小辩论的终结，银河系的本质很快就成为了讨论的焦点。到 20 世纪 20 年代末，几乎所有人都认为，银河系就是我们所处的星系，宇宙中还包含大量其他极其遥远的星系。

不过，往往因为身处其中，认清它的本质反而会十分困难。因此，在贯穿 20 世纪的大部分时间里，力图认识银河系的天文学家都在勘测、计数恒星并测量它们的距离，以便拼合出银河系的形状和结构。

多年后，另一组天文学家使用可在太空中观测宇宙中红外光的斯皮策空间望远镜，进一步澄清了银河系的结构。认识银河系的最大障碍之一便是尘埃，银河系中包含了大量会遮挡恒星和其他天体所发出光的尘埃。然而，红外光可以穿透这些尘埃，用来研究非常遥远的结构。使用斯皮策空间望远镜所开展"银河遗珍中平面卓越巡天"获得的数据，天文学家能以迄今最精准的方式来勘测银河系。

2005 年，该组天文学家团队公布了他们的结果，通过对该巡天图像中的恒星进行计数，证实了银河系中心棒结构的存在。这是一个巨大的进步：这一发现表明我们并非生活在一个如仙女星系般的简单旋涡星系中，而是在一个棒旋星系里。得益于这个巡天项目和其他近期的研究，人类第一次获得了一幅精准度尚可、有关银河系结构和组成的图像。

银河系的结构

一个棒旋星系

和所有的星系一样，银河系有许多的组成成分。埃德温·哈勃向世人证明，星系是由恒星、气体和尘埃组成的岛宇宙，这些岛宇宙当然也各有千秋。银河系是一个中等大小的棒旋星系。虽然它是所属星系群中的三大星系之一，但与宇宙中最大的星系相比仍相形见绌。旋涡星系都有一个突出的、由恒星和气体组成的星系盘，它会像一个致密的盘一样旋转，一圈一圈地缠绕起来。棒旋星系也具有这样的星系盘，该星系盘引人注目的地方在于穿过其中心的明显棒状结构。星系的旋臂就发源于这个棒结构，而不是星系的中心。

银河系的核心

银河系的核心（银心）相当于城市的市中心，是银河系中最拥挤、最活跃的区域，也是整个星系的中心。正如在天空中所看到的，银心位于人马座方向，确切的位置是在明亮的疏散星团（M7）和礁湖星云（M8）这两个著名深空天体连线的中点以西不远。

小知识

银河系形成于约90亿年前，可能由几十个、乃至上百个早先的原星系并合而成。然而，银河系中最古老恒星的年龄已超过了130亿年。

对页图

天文学家认为银河系有4条从中心棒蜿蜒而出的大型旋臂。太阳位于距银心约26 000光年的小型旋臂——猎户臂上。

银河系

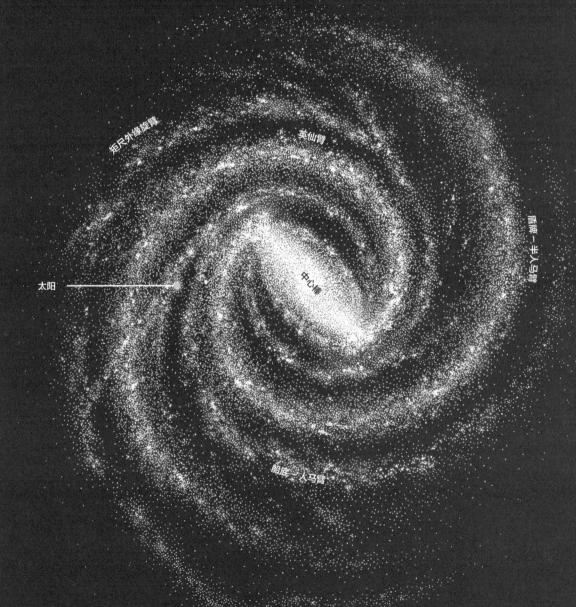

矩尺外缘旋臂

英仙臂

盾牌－半人马臂

太阳

中心棒

船底－人马臂

银河系的核心是一个包含恒星和气体的稠密区域，它们在围绕一个质量极大的中心天体旋转。最初以射电源的形式被探测到并命名为人马 A*（读作"人马 A 星"），该天体后来被发现是一个超大质量黑洞。通过仔细测量围绕银心转动的恒星速度，天文学家估算出该黑洞的质量是太阳的 430 万倍。这个黑洞的所有质量都被压缩进了一个半径与水星绕太阳公转轨道的半径相当的球体内，由此形成了一个奇特且致密的极端环境，其中的恒星和气体云会以极高的速度围绕着它运动。

银河系的中心核球

天文学家把包裹银心的区域称为中心核球。该区域中的恒星、气体和尘埃的密度非常高。中心核球的质量约是太阳的 200 亿倍，其光度约是太阳的 50 亿倍。

银河系的银盘

银河系中的大多数恒星和气体都位于明亮的银盘中，银河系的这个发光的组成成分从形状和运动上都近似于一张缓慢旋转的光盘。这个恒星盘从银心分别朝两侧可向外延伸约 44 000 光年；超过这个距离后，银盘仍然会延续，但恒星的数目会陡降。尽管有研究认为银盘的直径可能比之前所认为的要大得多，但总的来说，明亮银盘的直径至少有 100 000 光年。

由恒星、气体和尘埃组成的银盘由一个薄盘和一个厚盘构成。天文学家已知，薄盘包含了银河系中约 90% 的恒星，也包含太阳系以及所有诞生于疏散星团中的年轻大质量恒星。薄盘较为年轻，形成于约 80 亿年前。厚盘则年老一点，包含年龄更大的恒星。

包含了银河系中大多数恒星的薄盘厚约 1 500 光年，它就像一个缓慢旋转的大浅盘，一圈、一圈又一圈地转动。厚盘包裹着薄盘，厚约 3 000 光年，其中所

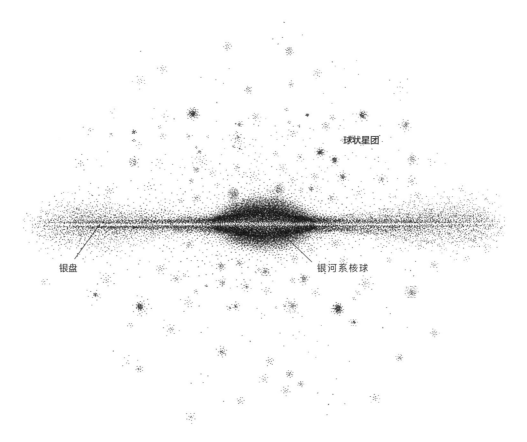

球状星团

银盘

银河系核球

包含的恒星数量则少得多。厚盘中的恒星更古老，形成于银河系历史的早期。银河系中大多数的气体和尘埃都位于距离银盘不足 500 光年的薄层中。

银河系棒

　　位于银盘中的银河系的中心棒，其结构包含两部分：其一被天文学家称为核心棒，它自银心向外延伸出约 11 400 光年；其二是包裹着核心棒的长棒结构，它可以延伸到更远、更大的范围，直径可达约 28 700 光年。

　　在银河系延展的晕中，至少有158个由年老恒星组成的致密球状星团在绕银心运动。

小知识

　　银盘从上而下的厚度约为 1 000光年。银河系中心棒的长度约10 000光年。

（俯视图）

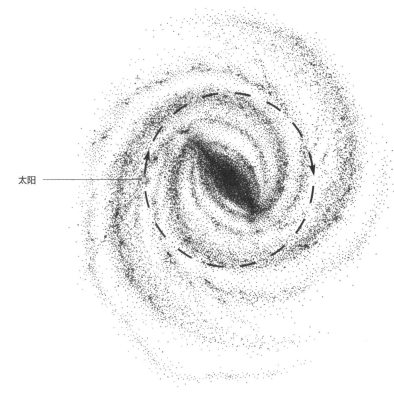

太阳

（侧视图）

太阳

旋臂

　　银河系拥有至少 6 条从银心向外伸展开的主要旋臂。下面将按照以银心为起点、由内至外的顺序来依次介绍并比较它们的差异。

　　最内层的旋臂距离银心 3 000 秒差距，由天文学家在 20 世纪 50 年代通过射

对页图

太阳系在以720 000千米/时的速度绕银心运动，绕转一周需要约2.2亿年。

电观测发现。它包含约1 000万个太阳质量的气体，大部分以氢原子和氢分子的形式存在。随着该旋臂伸展开，它的外部被称为英仙臂，是银河系中最突出的2条旋臂之一。

再外一层是矩尺臂和外缘旋臂。矩尺臂靠近银心，这一结构的外侧部分被称为外缘旋臂。

再往外是起源于银河系棒一端的盾牌—半人马臂，它是一条由恒星和气体组成、长而弥散的旋臂。在这条旋臂上富含恒星形成区。

接下来是船底-人马臂。它虽然是一条相对较小的旋臂，但由于它包含了许多可以沿途将其照亮的恒星形成区，因此易于发现。

最外2条旋臂或2支在结构上并不明显，但它们因所在的位置而对我们很重要。在船底-人马臂和英仙臂之间有一条短旋臂或支，称为猎户-天鹅臂，太阳及其所在的太阳系就位于这条旋臂上，因此对我们来说它是银河系中最重要的旋臂。因为为人熟知的猎户座和天鹅座中一些最亮的恒星就位于这条旋臂上，所以称它为猎户—天鹅臂。

银河系晕

在远离银河系薄盘和厚盘的地方，存在包裹着整个银盘的晕。晕中包含贫金属的球状星团，它是一种由年老黄星组成的球状集合，其中的许多天文爱好者可以用望远镜观测到。晕中最明亮的是武仙星团（M13）和半人马 ω 球状星团。晕中还包含中性氢气云（由一个质子和一个电子构成的氢原子组成）和大量暗物质，晕可以朝各个方向延伸至距银心约200 000光年处。

太阳系位于猎户—天鹅臂。

银河系的伴星系

在银河系周围，存在大量像卫星般绕其转动的小型星系。其中最著名的 2 个发现于 1 000 年前，因葡萄牙探险家费迪南德·麦哲伦（Ferdinand Magellan）在 1519 年的航海日志中对它们进行了记录，所以以他的名字命名。在南半球的夜空中可以看到这 2 个麦哲伦云。肉眼望去，它们就像 2 块脱离于银河的亮斑；但实际上，它们是围绕银河系转动的独立星系，每一个都具有不寻常的组成。

位于剑鱼座和山案座、距离地球约 163 000 光年的大麦哲伦云是一个具有些微棒状结构的不规则星系。其直径约 14 000 光年，是银河系直径的 14% 左右，包含约 100 亿倍于太阳质量的物质。银河系对它施加的潮汐力正在破坏它的结构。大麦哲伦云富含气体和尘埃，其中的蜘蛛星云是一个非常活跃的恒星形成区，天文爱好者可以用望远镜观测到。大约 30 年前，超新星 1987A 就在大麦哲伦云中发生爆炸，是多年来天文学家所见的距离地球最近的超新星。

大小仅次于大麦哲伦云、同样处在南半球天空的小麦哲伦云位于杜鹃座和水蛇座。它同样是一个具有棒旋特征的不规则星系，小麦哲伦云比大麦哲伦云更暗，距离地球也稍远一些，约为 200 000 光年。它的直径只有 7 000 光年，质量约为太阳的 70 亿倍。一道暗弱的气体桥连接着这 2 个小型星系，被称为麦哲伦流，是银河系对它们引力拖曳作用的明显体现。

还有一些质量较小且距离更近的矮星系，它们中的大多数在围绕银河系转动，如人马矮星系、玉夫矮星系、天龙矮星系、天炉矮星系、小熊矮星系、狮子 I 和狮子 II。较大星系的引力往往会把这些微小的星系向内拉，最终前者会吞并后者。人马矮椭球星系目前就处于该种状

小知识

银河系所处的星系群包含至少55个星系；若囊括众多暗弱的矮星系，其数目可能多达100个。

人马矮椭圆星系是银河系的一个小型伴星系，正在被银河系的巨大引力撕裂。它最终会被银河系吞并。

对页图 **本地泡**

本地泡是星际介质中的一个空洞，其中的氢原子的密度只有银河系其他地方的1/10，里面的高温气体会发出X射线。天文学家认为，在过去的2 000万年里，附近的超新星造就了本地泡，并激发了其中所剩的气体。

本地泡

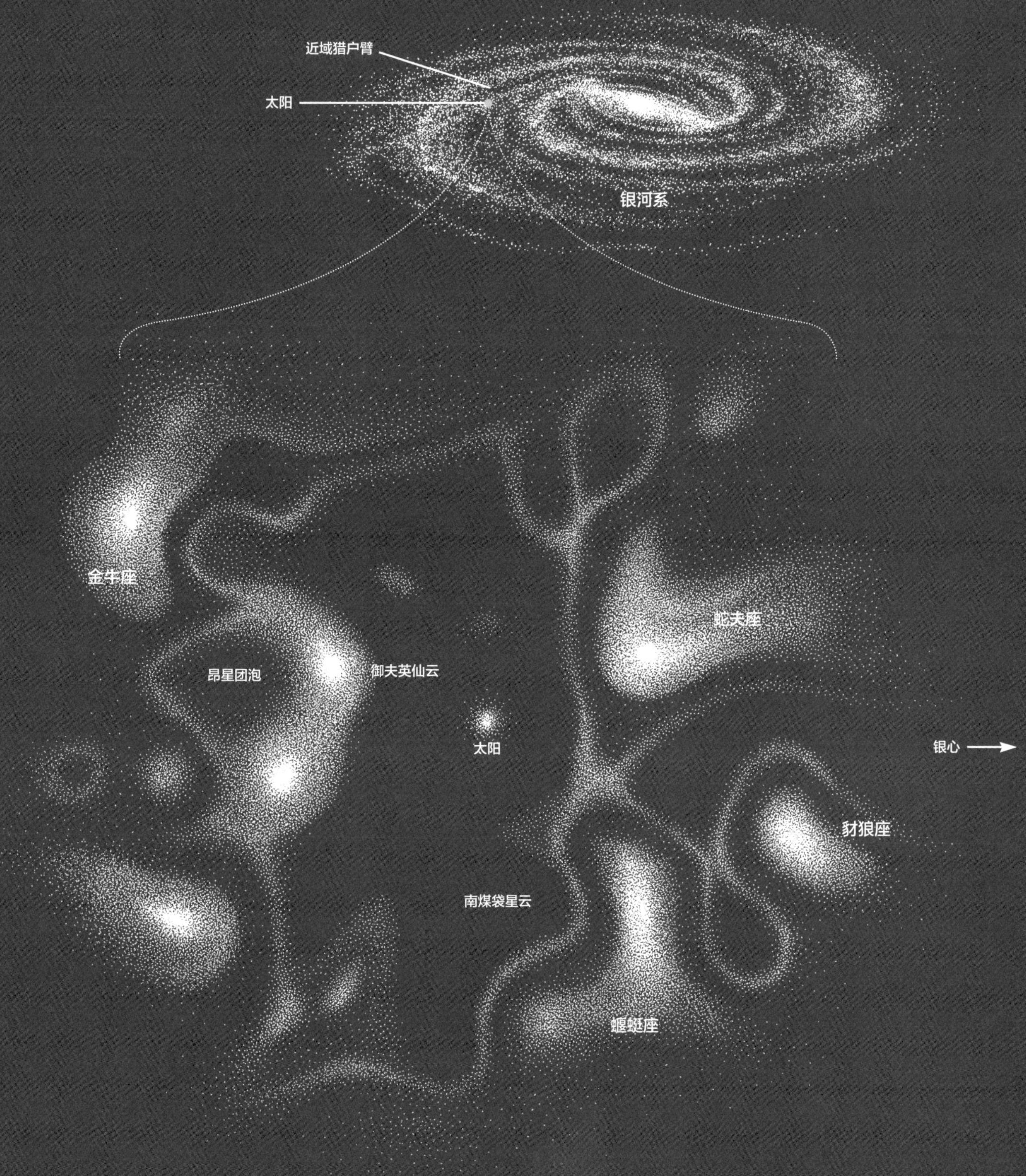

近域猎户臂

太阳

银河系

金牛座

昂星团泡

御夫英仙云

蛇夫座

太阳

银心 ⟶

豺狼座

南煤袋星云

蝘蜓座

麦哲伦桥

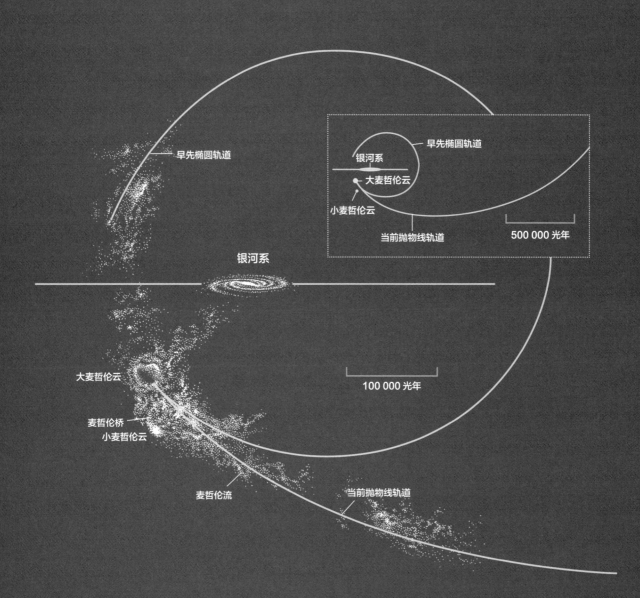

早先椭圆轨道

银河系

早先椭圆轨道

银河系

大麦哲伦云

小麦哲伦云

当前抛物线轨道

500 000 光年

大麦哲伦云

麦哲伦桥

小麦哲伦云

麦哲伦流

当前抛物线轨道

100 000 光年

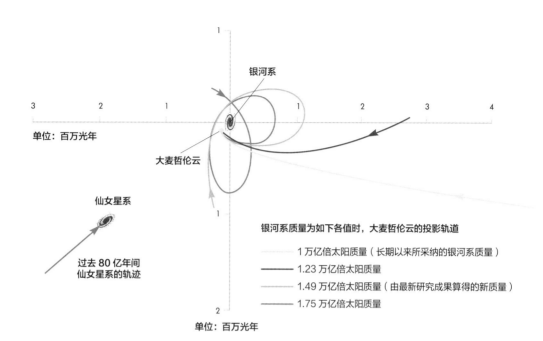

银河系

3 　 2 　 1 　 1 　 2 　 3 　 4

单位：百万光年

大麦哲伦云

仙女星系

过去 80 亿年间
仙女星系的轨迹

银河系质量为如下各值时，大麦哲伦云的投影轨道

—— 1 万亿倍太阳质量（长期以来所采纳的银河系质量）

—— 1.23 万亿倍太阳质量

—— 1.49 万亿倍太阳质量（由最新研究成果算得的新质量）

—— 1.75 万亿倍太阳质量

单位：百万光年

上图

在银河系和仙女星系并合后，大、小麦哲伦云的归宿也就此确定。它们的轨道与银河系质量间的关系目前尚有争议。银河系的质量越大，大麦哲伦云的轨道就会被束缚得越紧密。若银河系质量为1.75万亿倍太阳质量，则大麦哲伦云仍会被束缚在由并合诞出的星系周围。但若银河系质量只有1万亿倍太阳质量，则大麦哲伦云更可能具有非束缚轨道，大概会在并合过程中被抛射入星系际空间。无论大麦哲伦云最终的命运如何，小麦哲伦云都会紧随其后。

对页图 **麦哲伦桥**

大、小麦哲伦云周围都存在密度较低的氢云——麦哲伦桥，以及位于它们后方、由类似物质构成的长尾——麦哲伦流。该图展示了它们相对于彼此和银河系的位置，以及近期重新计算得到的它们的抛物线轨迹。

态，它已被潮汐扭曲、慢慢撕碎并融入到银河系中。

当一个巨大的旋涡星系靠近地球时，你能想象夜空将是怎样一番景象吗？仙女星系目前看上去就是一个模糊的光斑，但随着它逐渐飞向地球，其在天空中会变得越来越大。最终，对于居住在这 2 个星系中的生物而言，都会看到不可思议的景象。当然，待到这一切发生时，地球早就不适合居住了。不过，无数其他行星上很可能有生命仰望着对我们来说非常奇怪的景象。在任一时刻，我们所见的仅仅是宇宙这部庞大而无比漫长电影中的一帧画面而已。

在后发座中，还有一对巨大的碰撞星系 NGC 4676A 和 NGC 4676B，常被称作双鼠星系。这对奇怪的星系中一个是棒旋星系，另一个是不规则星系；亦如天文学家对畸变天体常用的描述，它们的分类会被

小知识

在完美的黑暗地点，夜空中肉眼可见的恒星多达2 000颗，它们全部都是银河系的成员。其他更遥远的星系肉眼只能看到几个，且都呈模糊的光斑状。

冠以"特殊"一词，以表示其外形的畸变程度。尽管双鼠星系远在 2.9 亿光年之外，但它们却很明亮，可以满足天文爱好者进行观测和拍照的需求。

在天空中几近无数的星系里，天文学家已知的相互作用星系有数千个。20 世纪 60 年代，美国天文学家霍尔顿·C. 阿尔普（Halton C. Arp）编录了许多最亮的相互作用星系，他撰写并在 1966 年出版了著名的《特殊星系图集》（*Atlas of Peculiar Galaxies*）。他在这项影响深远的工作中收录了 338 个畸变星系的最佳案例，其中大部分是由相互作用所致。在该图集中仍能找到天空中众多最有趣的天体及其相关信息。

银河系的未来：星系如何碰撞

2008 年，美国哈佛大学理论物理学家亚伯拉罕·洛布（Abraham Loeb）及其同事发现，几十亿年后仙女星系和银河系将发生碰撞并开始并合。在研究暗物质晕的特性时，洛布等人在一系列计算机模拟中建立了这 2 个星系间碰撞的模型，暗物质晕会在其中发挥重要作用。他们把最终脱胎于银河系和仙女星系遗迹的超级星系称为"银河仙女星系"。

这些天文学家发现，银河系和仙女星系将在距今不到 20 亿年内发生首次密近交会。碰撞和并合本身持续的时间则不到 50 亿年。对这 2 个星系内任何行星上的生命来说，这一交会一开始就像一段如华尔兹般的慢舞；随着交会的进行，2 个星系会越来越靠近；在这两个星系的暗物质晕间距达到约 300 000 光年后，并合过程就会加速。

被气辉环绕的银河

    拍摄于澳大利亚。在这张异乎寻常的照片中，一道垂直的银河矗立于地表。衬托着银盘的缥缈橙色光环实为气辉，是地球高层大气中的氧原子、氮原子与羟基离子发生化学反应的过程中所发出的光。它使得银河被怪异的光晕所围绕。

前页图　银河照耀阿塔卡马沙漠

拍摄于智利高海拔的阿塔卡马沙漠，那里的夜空或许是地球上最黑暗的，在这张照片中，银河系大放异彩。在银河光带上点缀着由星团和星云发出的蓝光和粉光，小麦哲伦云则位于右下角。

本页图　银河的幽灵般光芒

在合适的季节和时间，在黑暗的地点可见头顶的银河横跨夜空。图中所见的是由银盘中散落的数十亿颗恒星所发出并积聚而成的光芒。人类无法确切知晓从外部看银河系会是什么样子，只能通过勘测银河系的结构来猜测。在图中，位于前景的是智利阿塔卡马大型毫米波阵天文台的射电望远镜。

对页图　粉色恒星形成区照亮大麦哲伦云

如欧洲南方天文台1米口径望远镜拍摄到的照片所示，大麦哲伦云会发出明亮的粉色和紫色光芒。其中的最大造星工厂是位于中间偏左的蜘蛛星云。

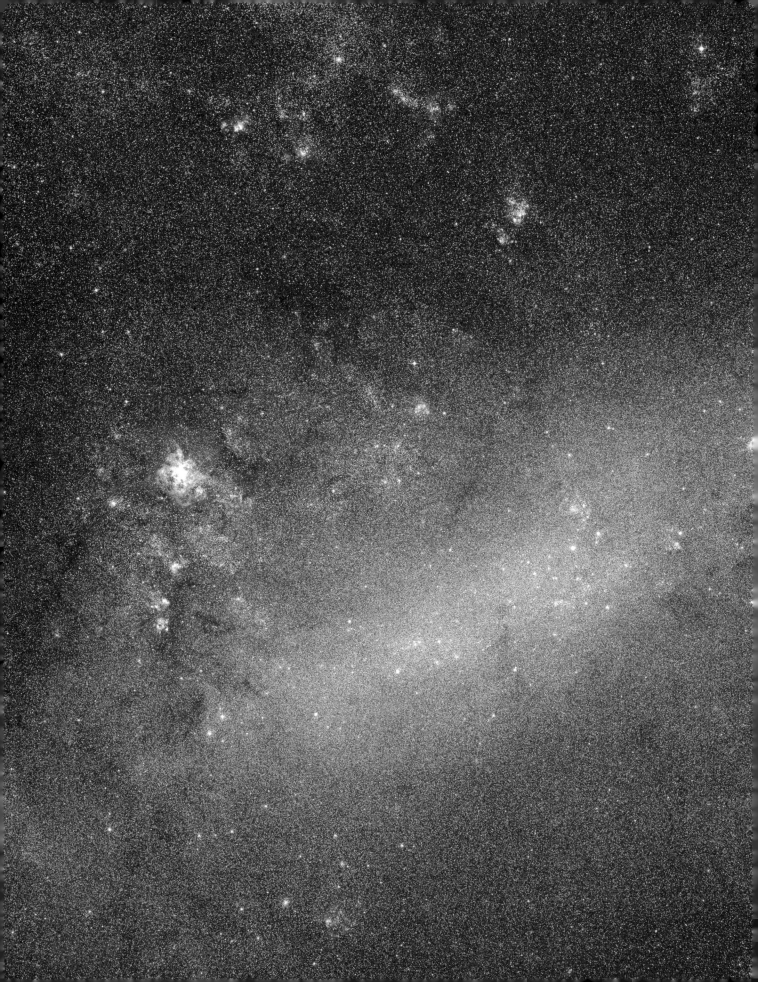

前页图　紫外光下的大麦哲伦云

　　为了拍摄紫外光下的大麦哲伦云，美国航天局的雨燕卫星制作了这幅多图拼接图。在该图中，大麦哲伦云内近期形成的恒星十分显眼，位于左上角的是巨大的蜘蛛星云NGC 2070。

本页图　天龙座中的银河系伴星系

　　天龙矮星系是一个矮椭球星系，在距离银河系约260 000光年的位置围绕其转动。它于1954年由洛厄尔天文台发现。最近，天文学家发现该星系具有极高的暗物质含量。

对页图　小麦哲伦云和杜鹃47

　　如欧洲南方天文台可见光及红外巡天望远镜拍摄的这幅图像所示，小麦哲伦云因发出粉色光芒的恒星形成区而呈现出红色调。其右方是巨大的球状星团杜鹃47，是天空中最明亮的天体之一。

80

天炉矮星系：银河系的伴星系

  天炉矮星系是一个矮椭球星系，呈明亮的模糊光斑状，发现于1938年。它是银河系的一个伴星系，距离地球460 000光年，包含了一个天文爱好者可用望远镜观测到的、非常明亮的球状星团NGC 1049。

1

第100～105页图

　　随着宇宙膨胀，大部分星系都在远离彼此。但局部运动和引力会使得一些星系相互靠近。银河系和仙女星系就是这样，后者距离地球250万光年，是距离地球最近的大型星系，正在以306千米/秒的速度迫近，仙女星系会在距今约40亿年后与银河系并合。图1～6展现了这一壮丽景象。图1：仙女星系当前位于银河的左侧。图2：随着仙女星系逐渐靠近，它变得越来越大。图3：在距今39亿年后，2个星系都具有混乱且缠绕的旋臂。图4：51亿年后，融合后的2个星系所发出的光芒。图5～6：约70亿年后，2个星系完全并合。

3

4

5

6

ARP 269：猎犬座中的相互作用星系

　　在春季星座猎犬座中，有一个更知名的星系相互作用案例，其距离地球2 500万光年。星系NGC 4485和NGC 4490统称为ARP 269，正相互绕转，随着时间推移最终会并合。较大且更亮的NGC 4490有时被称作茧状星系。

第三章

近邻星系：本星系群

* * *

天文学家现在对银河系的近邻星系已经有了非常好的认知。前文已介绍了其中最著名的仙女星系和大、小麦哲伦云。在本星系群中，至少有54 个星系像同一个社区中的姊妹一样被引力束缚在一起。和对恒星的认识一样，我们难以知晓它们的确切数目。一方面是因为这些星系中的大部分是矮星系，除非距离十分近，否则很难探测到它们；另一方面，一些目前尚未发现的矮星系即便距离很近，也可能会被银道面中的尘埃带遮挡。但保守估计，在本星系群中至少有 54 个（可能更多）星系。

发现银河系的同胞

如我们所见，宇宙正在向可见的各个方向膨胀。在 20 世纪 10 ~ 20 年代，哈勃、斯里弗和赫马森等人率先发现了宇宙膨胀的证据。天文学家自 20 世纪 60 年代以来积累的可靠证据表明，宇宙诞生于约 138 亿年前的大爆炸。亦如我们所见，宇宙的膨胀并未阻碍一些星系在局部尺度上紧密地聚集在一起，这要归功于引力。在 20 世纪下半叶，天文学家开始拼合出银河系周围距离其最近星系的全貌，它们后来被称为"本星系群"。埃德温·哈勃在 1936 年的著作《星云王国》（*The Realm of the Nebulae*）中引入了这一术语并沿用至今。

小知识

当哈勃意识到存在本星系群时，已知的成员星系有12个。至今，这个数字已是最初的4倍。

想象一下，一艘飞向宇宙的飞船若以光速飞行，它要花 10 万年时间才能横穿银河系；以同一速度继续向外航行，从本星系群的一端抵达另一端要 1 000 万年；从地球到本星系群中的星系则要花数百万年时间。作为银河系近邻中最亮、最大的星系，仙女星系距离地球 250 万光年，当你用望远镜观测仙女星系时，射入你眼睛的光线已在太空中穿行了 250 万年。相较于银河系，本星系群的大小很直观，它的直径约是银盘的 100 倍。然而，这一脑海中的形象只是为欣赏宇宙的浩瀚推开了一扇门，人类还仅仅只是把一只脚趾伸进了宇宙的海洋而已。

本星系群的成员

天文学家认为，本星系群的形状就像一个直径约 1 000 万光年的球状云团。仙女星系和银河系周围的区域是其中质量最大的两个"热点"区域。本星系群中的第三大星系是 M33，亦称三角星系或风车星系。除了这"三巨头"之外，本星系群中的其他成员都是小型星系。然而，作为银河系的邻居，这些星系同样十分重要，因为它们有助于天文学家研究各种各样的星系类型。

就在天文学家认识到星系本质的同时，银河系和仙女星系也成为首批被确认的本星系群成员。对麦哲伦云的认识则紧随其后。不久，天文学家发现 M33 也是本星系群中的近邻成员之一。近年来陆续发现并认证了一些更为暗弱的近邻星系成员，其中一些的认证时间尚不足 10 年。

银河系的伴星系

除了明亮的麦哲伦云之外，银河系至少还有其他 12 个伴星系。下面将按照由近及远的次序对它们进行介绍。

2003 年，天文学家发现了存在大犬矮星系的证据，它可能是围绕银河系转动且距离最近的矮星系。尽管大犬矮星系的存在并未得到完全公认，但它的质量可能相当于 10 亿个太阳，距离地球 25 000 光年，正被银河系的引力撕扯。2 微米全天巡视的红外巡天发现了该星系，但因其所在天区存在严重的遮挡，对观测数据的解读并不完全准确。天文学家看到的很有可能只是位于银河系自身边缘的特殊恒星。

1994 年，通过巡天发现的人马矮星系，它的银河系伴星系的身份则更加确定。和所有矮星系一样，人马矮星系以天空中所在的星座命名，其形状呈椭圆形，距离地球仅 65 000 光年，直径为 10 000 光年。它仅包含很少的质量，周围有 4 个球状星团（古老恒星构成的球形集合），其中之一便是位于银心附近、广为天文爱好者熟悉的 M54。天文学家计算发现，沿着绕银河系转动的椭圆轨道，人马矮

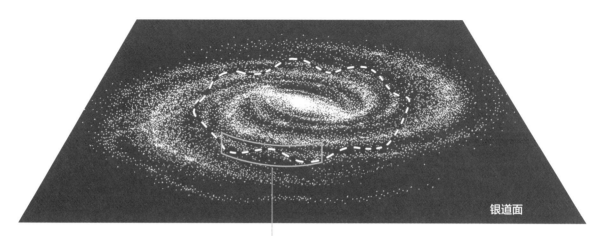

银道面

6 200 万光年

太阳

在绕银心转动时，太阳系会像旋转木马一样上下起伏。因此，每隔6 200万年，太阳系就会进入银盘北部，在该区域内会有更多来自太空的宇宙线和高能粒子轰击地球。地球上过往发生的物种灭绝可能与之有关。

星系已数次穿越银道面。在距今约 1 亿年后，该星系将再次穿过银盘，届时它会被剥离掉更多质量。最终，人马矮星系会减速并融入银河系，成为星系间互相吞并的另一"受害者"。

距离更远一些的是大熊矮星系Ⅱ，这一矮椭球星系距离地球约100 000光年，发现于 2006 年。与其他矮伴星系相似，该星系中包含了大部分形成于 100 多亿年前的古老恒星。

围绕银河系转动的其他矮星系为天文学家利用现代科学手段开展研究提供了一系列奇特的小型星系样本。1955 年，天文学家在加利福尼亚州的帕洛玛天文台开展了系统的巡天，由此发现了小熊矮星系。它距离地球约 200 000 光年，作为这些星系的特征，它们似乎都是在很久之前就停止了活跃的恒星形成。

本星系群

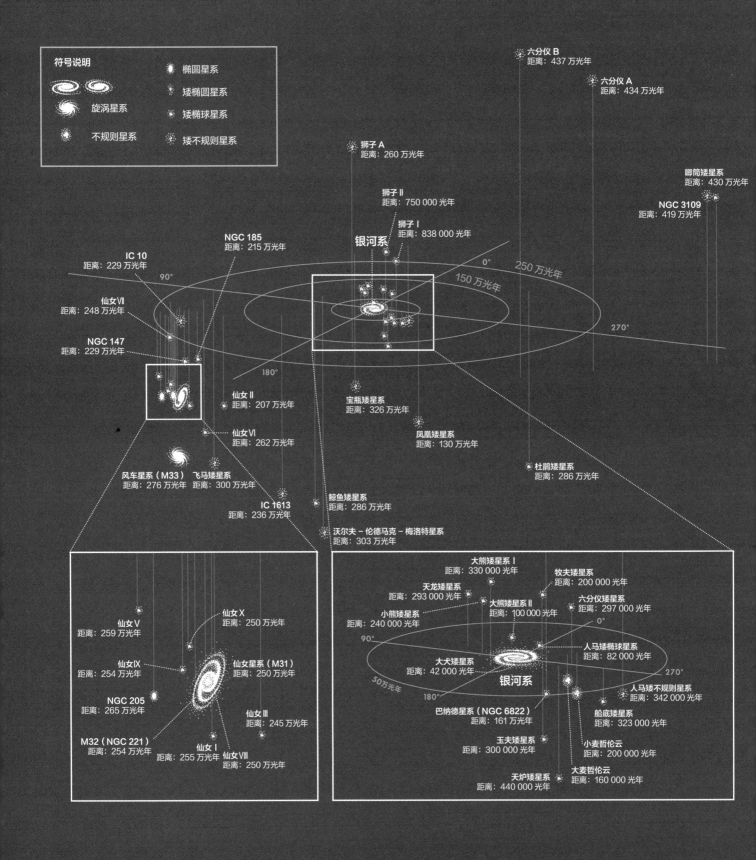

符号说明

椭圆星系
矮椭圆星系
矮椭球星系
旋涡星系
不规则星系
矮不规则星系

六分仪 B
距离：437 万光年

六分仪 A
距离：434 万光年

唧筒矮星系
距离：430 万光年

NGC 3109
距离：419 万光年

狮子 A
距离：260 万光年

狮子 II
距离：750 000 光年

狮子 I
距离：838 000 光年

银河系

NGC 185
距离：215 万光年

IC 10
距离：229 万光年

仙女 VII
距离：248 万光年

NGC 147
距离：229 万光年

仙女 II
距离：207 万光年

仙女 VI
距离：262 万光年

宝瓶矮星系
距离：326 万光年

凤凰矮星系
距离：130 万光年

杜鹃矮星系
距离：286 万光年

风车星系（M33）
距离：276 万光年

飞马矮星系
距离：300 万光年

IC 1613
距离：236 万光年

鲸鱼矮星系
距离：286 万光年

沃尔夫－伦德马克－梅洛特星系
距离：303 万光年

仙女 V
距离：259 万光年

仙女 X
距离：250 万光年

仙女 IX
距离：254 万光年

仙女星系（M31）
距离：250 万光年

NGC 205
距离：265 万光年

仙女 III
距离：245 万光年

M32（NGC 221）
距离：254 万光年

仙女 I
距离：255 万光年

仙女 VIII
距离：250 万光年

大熊矮星系 I
距离：330 000 光年

牧夫矮星系
距离：200 000 光年

天龙矮星系
距离：293 000 光年

大熊矮星系 II
距离：100 000 光年

六分仪矮星系
距离：297 000 光年

小熊矮星系
距离：240 000 光年

人马矮椭球星系
距离：82 000 光年

大犬矮星系
距离：42 000 光年

银河系

巴纳德星系（NGC 6822）
距离：161 万光年

人马矮不规则星系
距离：342 000 光年

玉夫矮星系
距离：300 000 光年

船底矮星系
距离：323 000 光年

小麦哲伦云
距离：200 000 光年

大麦哲伦云
距离：160 000 光年

天炉矮星系
距离：440 000 光年

0°

250 万光年

150 万光年

270°

90°

180°

0°

90°

270°

50万光年

180°

帕洛玛天文台巡天还发现了天龙矮星系。该星系距离地球约 260 000 光年，直径约为 2 500 光年，包含了大量暗物质。

1937 年，后任职于哈佛大学的天文学家哈洛·沙普利在所拍摄的底片中发现了玉夫矮星系。该矮星系距离地球约 290 000 光年，呈椭圆形的恒星云状。

直到 1990 年，天文学家才发现了距离地球约 300 000 光年的六分仪矮星系，它的直径约为 8 400 光年。

银河系伴星系的数量仍在持续增多。1977 年，天文学家发现了距离地球约 330 000 光年、直径仅有银河系 1/75 的船底矮星系，这个小型伴星系包含有一片已被银河系引力严重破坏的恒星云。

2005 年，发现了距离地球约 330 000 光年、直径为几千光年的大熊矮星系 I。

哈洛·沙普利还发现了天炉矮星系，它也是呈椭圆形的恒星云状，距离地球 460 000 光年，并因包含 6 个球状星团而闻名。这些球状星团中最亮的是 NGC 1049，天文爱好者用望远镜就能看见，早在天炉矮星系之前就已为人所知。

在遥远的狮子座中有 2 个银河系伴星系。狮子 II 是一个矮椭球星系，距离地球约 690 000 光年，是距离较远的银河系伴星系之一。它于 1950 年在帕洛玛巡天底片上被发现，其拥有约 27 亿倍于太阳的质量，直径为 1 500 光年。

狮子 I 是本星系群中一个不寻常的成员，这个矮椭球星系与北天亮星、狮子座中最亮的恒星轩辕十四相距不远。因此，虽然狮子座的位置好找，但由于狮子 I 太暗，需要用大型望远镜才能看到。狮子 I 距离地球 820 000 光年，于 1950 年由帕洛玛巡天发现，它包含了约 2 000 万倍于太阳质量的物质。

对页图　**勘测本星系群**

　　1936 年，美国天文学家埃德温·哈勃指出，银河系是被其称为本星系群的小星系群的一员。他列出了本星系群的成员，包括银河系、大小麦哲伦云、仙女星系（M31）、M32、三角星系（M33）、NGC 147、NGC 185、NGC 205、NGC 6822、IC 1613，以及可能的成员 IC 10。当前成员星系的数量已增加到 54 个，其中有 33 个是 M31 的伴星系，有 14 个是银河系的伴星系。

这些矮星系构成了围绕银河系转动伴星系的大部分，伴星系总数约为 24 个。包括马费伊 1 和马费伊 2 在内的一些星系曾长期被认为是本星系群的成员，但现在它们被认为应该是位于银河系引力可及的邻域之外。

仙女星系

在银河系及其伴星系之外，仙女星系是近邻星系中最大的。仙女星系备受哈勃的关注，它是一个庞然大物，包含有约 1 万亿颗恒星，接近银河系的 2 倍。其明亮的星系盘直径 220 000 光年，约是银盘的 2 倍（新近研究表明，银盘直径可能大于 100 000 光年，但这还需要更多的检验和确认。）。仙女星系十分巨大，即便远在 250 万光年之外，人们不借助双筒镜或望远镜时仍能在夜空中看到它呈一片模糊的光斑。在夏尔·梅西叶（Charles Messier）著名的深空天体星表中，仙女星系被称为 M31，质量高达太阳的 1.5 万亿倍。

仙女星系诞生于约 100 亿年前，由众多较小的星系相互碰撞并合而成。在形成的早期阶段，M31 的恒星形成率很高，但最近已下降到与之相比极低的水平。在几十亿年前，仙女星系和三角星系曾相对较近的经过彼此；这一交会在一段时间内再度激起了恒星形成，并扰动了三角星系的星系盘。

与银河系类似，仙女星系也有一个巨大的高温气体晕和一个更大的暗物质晕。相较于银河系，仙女星系拥有很多年老的恒星，具有更高一点的光度或绝对亮度。它目前的恒星形成率只有银河系的 1/3：仙女星系每年只产生相当于 1 个太阳质量的新恒星。在距离其中心约 33 000 光年的地方，仙女星系的转动可达 250 千米 / 秒的最高速度，在它的中心包含一个约 1 亿倍于太阳质量的超大质量黑洞。

仙女星系包含了相当多的电离氢区，研究这些产星星云的德国天文学家瓦尔特·巴德（Walter Baade）称其为"横串上的珍珠"。它们以粉色的光芒和年轻恒星的蓝白色调散布于仙女星系的旋臂之上。仙女星系中有一个十分引人注目的巨大恒星云（恒星富集区），它在《星云星团新总表》（*New General Catalog*）中的编号为 NGC 206。

仙女星系形成于约
100 亿年前。

仙女星系的伴星系

银河系并不是本星系群中唯一被伴星系簇拥的星系。在引力作用下，仙女星系拥有至少 19 个明显的矮星系。下面将按照相距地球的距离由近及远对它们进行介绍。

NGC 185 由出生在德国的英国天文学家威廉·赫歇尔（William Herschel）于 1787 年发现，它距离地球 200 万光年，是距离地球最近的仙女星系伴星系，其中包含年老恒星，是一个典型的矮椭球星系。天文学家发现，在过去的 10 亿年里，仅在 NGC 185 的中心附近有少量恒星形成。

接下来是由非常小的矮星系组成的三重星系：仙女 II（于 1970 年发现，距离地球 220 万光年）、仙女 I（于 1970 年发现，距离地球 240 万光年）及仙女 III（于 1970 年发现，距离地球 240 万光年）。

下一个伴星系是在低倍率望远镜中与仙女星系一同可见的 M32。M32 是一个矮椭圆星系，在望远镜中呈模糊的圆形状光斑。M32 较亮，1749 年法国天文学家纪尧姆·勒让蒂（Guillaume Le Gentil）便发现了它。M32 到地球的距离和仙女星系的（250 万光年）基本相同，但它位于仙女星系的正面。它的直径约 6 500 光年，主要包含年老的黄星和红星。如果仔细观察仙女星系的图像，会发现其星系盘有轻微的翘曲。天文学家认为，这是由约 8 亿年前 M32 离心撞击该星系盘所致。M32 拥有一个质量与银心黑洞相当的中心黑洞。

距离再稍远一点的是矮星系 NGC 147，于 1829 年由英国天文学家约翰·赫歇尔（John Herschel）发现，距离地球 250 万光年。这个矮椭球星系主要包含年老恒星，其恒星形成活动在约 30 亿年前就已停止。

然后是近期发现的其他极暗矮星系。它们包括仙女 V（于 1998 年发现，距离地球 250 万光年）、仙女 IX（于 2004 年发现，距离地球 250 万光年）、仙女 VII（于

小知识

M32 是仙女星系最明亮的伴星系，几乎不含低温气体，也不含年龄小于几十亿年的恒星，它可能是一个更大星系中心区的遗迹。

1998 年发现，距离地球 260 万光年）及仙女 XI（于 2006 年发现，距离地球 260 万光年）。

再稍远一点，距离地球 270 万光年的是另一个可与 M31 一同见于天文爱好者望远镜的矮星系——NGC 205（有时也称为 M110）。相较于 M32，NGC 205 是一个稍显暗淡、更细长的矮星系，距离仙女星系的中心也更远一点。1773 年，伟大的法国"彗星猎人"夏尔·梅西叶观测到了 NGC 205。由于彗星和星云在望远镜中看起来很相似，为了避免在搜寻彗星时混淆二者，梅西叶编纂了其著名的模糊星云星表。然而，尽管梅西叶观测到了 NGC 205，但他从未将其纳入该星表中，

> 为了避免在寻找彗星时与星云相混淆，梅西叶编纂了著名的模糊星云表。

因此，NGC 205 并没有被梅西叶正式编号，不过后来的历史学家有时会将它归入该星表中，并称其为 M110。1783 年，出生于德国的天文学家卡罗琳·赫歇尔（Caroline Herschel）独立发现了该星系。NGC 205 距离地球约 270 万光年，这意味着从地球看去它位于仙女星系的后方。它是一个非同寻常的矮椭圆星系，包含了相当多尘埃，暗示近期有恒星形成。

按照距离，下一批星系是最近发现的一些极暗矮星系。它们分别是仙女 VI（于 1999 年发现，距离地球 270 万光年）、仙女 VIII（于 2003 年发现，距离地球 270 万光年）、仙女 XXI（于 2009 年发现，距离地球 280 万光年）、仙女 X（于 2005 年发现，距离地球 290 万光年）及仙女 XXII（于 2009 年发现，距离地球 300 万光年）。

此外，仙女星系还有几个距离未知或知之甚少的伴星系，包括飞马矮椭球星系、仙后矮星系、仙女 XIX（三者均发现于 2009 年）以及其他几个尚未展开彻底研究的极暗矮星系。

仙女星系

三角星系

三角星系

本星系群中的第三大星系是三角星系 M33，它有时被认为是黑暗天空下肉眼可见的最暗弱星系（不过，有专业观测者报告，在极暗的天空中可以看到更暗弱的 M81。）。相较于仙女星系，这一旋涡星系更接近正向，因此更容易观测它的内部特征。该星系包含了各种粉红色的恒星形成区，其中最大、最亮的 NGC 604 天文爱好者可以用望远镜观测到。

M33 的直径约为 60 000 光年，拥有近 400 亿颗恒星，约是银河系中已知恒星数的 1/10。该星系距离地球约 270 万光年，比仙女星系稍远。M33 的恒星形成率明显高于仙女星系。M33 包含一个重要的恒星质量黑洞，其质量为太阳的 15.7 倍，但该星系的不寻常之处在于不含超大质量黑洞。绝大多数比矮星系大的星系都拥有超大质量黑洞，因此 M33 常被认为是一个明显的例外。

三角星系是本星系群中最小的旋涡星系，很有可能在围绕仙女星系运动。相较于包含近 150 个球状星团的银河系，它只包含 54 个球状星团。

对于三角星系 M33 本身是否是仙女星系的伴星系，天文学家间仍存在分歧。双鱼矮星系是距离地球 250 万光年的矮不规则星系，它可能是三角星系的伴星系，发现于 1976 年。这个奇怪的星系正以 290 千米／秒的速度靠近银河系。作为一个典型矮不规则星系，它包含年老恒星，至少在过去的 1 亿年里鲜有恒星形成。

小知识

三角星系是一个非同寻常的全尺寸旋涡星系，不寻常之处在于它不同于几乎所有其他与其质量相当的星系，在它的中心没有超大质量黑洞。

三角星系有时被认为是肉眼可见的最暗弱星系。

本星系群中的其他星系

本星系群中的其他星系在引力的作用下被束缚在这个星系群中，但不隶属于仙女星系、三角星系和银河系这3个主要的子群。这些星系构成了迷人的天体景观，其中有许多为天文爱好者所熟知并可用望远镜观测到。下面将按照距离地球由近及远的顺序对它们进行介绍。

凤凰矮星系发现于1976年，是一个矮不规则星系，距离地球140万光年。该星系确实很小，以至最初被认为不过是一个球状星团。

小知识

本星系群包含至少54个、可能多达100个星系，这是因为微小的矮星系虽然很难探测，但仍会随着时间推移而发现更多。

由美国天文学家巴纳德于1884年发现，编号为NGC 6822的巴纳德星系，是人马座中少有的几个可见星系之一。它距离地球约160万光年，被归类为有棒不规则星系。从结构上看，该星系类似于小麦哲伦云。

IC 10是仙后座的一个不规则星系，距离地球220万光年。美国天文学家刘易斯·斯威夫特（Lewis Swift）于1887年发现了这个奇怪的天体，它最近被发现是一个"星暴星系"，即它新近有爆发式的恒星形成，这对于一个小型不规则星系来说不同寻常。

怪异的不规则星系IC 1613位于鲸鱼座，距离地球240万光年，由德国天文学家马克斯·沃尔夫（Max Wolf）于1906年发现。该星系是一个奇怪而斑驳的星系，主要由年老恒星组成，但像麦哲伦云一样，它也有正在产星的大型粉色电离氢区。

鲸鱼矮星系发现于1999年，是一个距离地球250万光年的矮椭球星系，包含一个年老的红巨星星族。

狮子A是一个与鲸鱼矮星系类似的小型不规则星系，距离地球260万光年，由瑞士裔美国天文学家弗里茨·兹维基（Fritz Zwicky）于1942年发现。它的质量约为太阳的8 000万倍，其恒星形成似乎在很久之前就已不再活跃。

不规则星系沃尔夫-伦德马克-梅洛特于 1909 年由马克斯·沃尔夫发现，1926 年，天文学家克努特·伦德马克（Knut Lundmark）和菲利伯特·梅洛特（Philibert Melotte）认定其是一个星系。它距离地球 300 万光年，其恒星形成早已终止。

宝瓶矮星系是一个矮不规则星系，于 1959 年被天文学家发现，它距离地球 320 万光年。

杜鹃矮星系发现于 1990 年，是一个包含年老恒星的矮椭球星系，距离地球 320 万光年。

人马矮不规则星系是一个发现于 1977 年、距离地球约 340 万光年的矮星系。不要和银河系的伴星系人马矮椭球星系混淆。

本星系群尽管曾被认为是由几个星系组成的小型集团，但现在已知它包含几十个星系，其中大部分为矮不规则星系或矮椭球星系。仙女星系、银河系和三角星系这"三巨头"为天文学家从内、外 2 个角度研究星系的运转提供了巨大的"实验室"。本星系群中的大量小星系同样重要：它们距离地球足够近，天文学家可以通过空间望远镜（如哈勃空间望远镜）和大型地面设备对其开展高分辨率研究。它们所展现出的恒星和其他天体的行为，若在本星系群之外、距离更远的星系上就会过于暗弱，无法被天文学家研究。例如，对恒星行为的大量认知都来自对麦哲伦云的研究。本星系群中其他不同寻常的星系，例如人马座的巴纳德星系，则为研究星系的演化提供了"实验室"。

一些天文学家把宇宙中的星系比作城市中的建筑。高大的摩天大楼和办公楼无疑反映出了许多城市的运作细节，但散布于各处的普通矮小建筑也是城市极为重要的部分。在迈向更为深远的宇宙之前，本星系群为天文学家了解星系作为一个系统是如何运转的奠定了至关重要的基础。

深入本星系群：黑洞如何驱动星系

回望 20 世纪 60 年代，天文学家所面对的问题远不只是破解宇宙的广度。1963 年，美国加州理工学院的天文学家马尔滕·施密特（Maarten Schmidt）进行了一次不寻常的观测。当时他正在研究一个名为 3C 273 的天体，最早于 20 世纪 50 年代发现在射电波段。该天体具有很强的射电噪声，但在可见光照相底片上却仅仅是一个暗弱的斑点。

经过非常仔细的测量，施密特获得了这个天体的光谱，根据红移计算出了它的距离。令人惊讶的是，施密特发现 3C 273 是一个非常遥远的天体，距离地球达 24 亿光年！由于 3C 273 看上去像一颗模糊的恒星，因此他把它称为类恒星天体，简称类星体。此后，许多其他类似的天体陆续被发现，如 3C 321、马卡良 509 和 A2261-BCG。

类星体为天文学家带来了一个巨大的谜团：类星体 3C 273 是如此遥远，但仍能释放出巨大的能量，它还会在短时间内改变亮度。如此遥远的天体是如何释放出这么多能量的呢？

其他高能星系

20 世纪 70 年代，天文学家发现了更多高能的遥远天体，它们在射电、γ 射线和紫外波段上都会发出很强的辐射。除了诸如 3C 273 这样的类星体外，还有以其发现者美国天文学家卡尔·赛弗特（Carl Seyfert）命名的赛弗特星系，它们似乎是低能版的类星体。此外，还有蝎虎天体，它得名于首个被发现的样例，即最初被认为是蝎虎座中的一颗变星。蝎虎天体也称作耀变体，会在比类星体还短的时间内剧烈改变亮度。天文学家发现了越来越多神秘的高能天体，包括武仙 A、马卡良 231 和天鹅 A。他们怀疑，所有这些天体都是极其遥远的高能星系，但没有人能肯定这一点。此外，一个更古老的谜团也随之慢慢浮现。

黑洞的起源

1783 年，英国自然哲学家约翰·米歇尔（John Michell）提出可能存在"暗星"，即引力非常强的区域，任何东西甚至连光也无法从那里逃脱。"暗黑"后来被称为"黑洞"。虽然阿尔伯特·爱因斯坦在 20 世纪初从理论上也预言了黑洞的存在，但由于缺乏寻找黑洞存在证据的方法，黑洞这个想法在近 200 年的时间里一直毫无进展。在 1939 年发表的一篇关于黑洞的论文中，爱因斯坦担心黑洞确实存在，并想知道为什么一直没有发现它们。最终，在 20 世纪 70 年代，天文学家开始收集有关黑洞可能真实存在的证据，而诸如 3C 273 和圆规星系的发现也拓展了天文学家的认知。

根据理论计算，天文学家一直认为形成恒星大小黑洞的最简单方式是通过一颗大质量恒星的死亡。在无法进行核聚变反应后，大质量恒星会在引力作用下发生坍缩。天文学家预言，任何超过 5 倍太阳质量的恒星最终都会变成黑洞。20 世纪 70 年代，天文学家发现了一些由恒星坍缩而成黑洞的候选体，其中最重要的是天鹅 X-1，它是一颗距离地球 6 000 光年的双星，最早作为强 X 射线源被发现。很快，天鹅 X-1 也与类似 M77、M82 和 NGC 4725 这样的星系联系了起来。

著名的黑洞赌局

1975 年，美国加州理工学院的天体物理学家基普·索恩（Kip Thorne）和他英国剑桥大学的朋友斯蒂芬·霍金（Stephen Hawking）就天鹅 X-1 是否会被证明为黑洞打了个赌。截至 1990 年，几乎所有天文学家都达成一致，对在天鹅 X-1 吸积盘中观测到超高速度的唯一解释是在其中心存在一个由恒星坍缩而成的黑洞。索恩在 15 年后赢了这个赌局，获得了他的赌注——《阁楼》杂志 1 年的订阅费［霍金的赌注为《大众机械》1 年的订阅费。］。

随着天文学家对天鹅 X-1 等首批被证实的黑洞愈发有信心，他们也对诸如 3C 273 这样的高能天体开展了越来越多的观测。到 20 世纪 90 年代，天文学家意识到，他们曾经认为彼此迥异的天体，包括类星体、赛弗特星系及蝎虎天体，本质上其实是相同的。观测视角的不同在很大程度上导致了它们的外观差异。天文学家开始称呼这些天体为"活动星系"或"活动星系核"，因为高能爆发似乎源自这些星系的中心。不过，谜团仍然存在：是什么产生了从星系中心喷射出的大量辐射？

> 1975 年，斯蒂芬·霍金和基普·索恩就天鹅 X-1 是否会被证明为黑洞打了个著名的赌。

完整黑洞图像

随着天文学家观测的活动星系越来越多，他们推断可能存在另一种类型的黑洞，即位于星系中心的黑洞。这种黑洞和天鹅 X-1 是同一种天体，即引力完全坍缩的区域，光和其他一切都被束缚在该时空中。但不同于质量是太阳 5 倍以上的黑洞，它们是质量可达太阳质量数百万倍的超大质量黑洞。NGC 2276 等大量不寻常的高能星系显现出了内部存在黑洞的迹象，其他诸如爱因斯坦十字这样更奇特的天体彰显出爱因斯坦的相对论的重要性。

起初，很难找到星系中心存在超大质量黑洞的证据。转机出现在 1988 年，2 个天文学家团队发表了关于仙女星系（本星系群中银河系的姊妹旋涡星系）的研究成果。由美国德克萨斯大学的约翰·科尔门迪（John Kormendy）、卡内基科学研究所的艾伦·德雷斯勒（Alan Dressler）和密歇根大学的道格拉斯·里奇斯通（Douglas Richstone）领导的 2 个天文学家团队，使用地面望远镜观测后发现，仙女星系中心的气体云在以惊人的高速转动。只有当这个中心包含有数百万倍于太阳质量的物质并且这些物质集中在一个只有太阳系大小的微型区域中时，才能解释这一现象。在天体物理学中要产生这样一个空间区域的唯一途径就是超大质量黑洞，0313-192 这样的星系辅助证明了这一点。

超大质量黑洞

此后不久，通过类似的观测，天文学家在室女座的草帽星系（M104）和六分仪座的 NGC 3115 中也发现了中心超大质量黑洞。随后又在猎犬座的 M106 星系和银河系中发现了中心超大质量黑洞。哈勃空间望远镜的后续观测逐步证实中心超大质量黑洞普遍存在于星系中，而这后来被证明其实是一个保守的说法。

天文学家现在相信，除了因一开始就缺少物质而无法形成黑洞的矮星系外，绝大多数普通星系都拥有中心超大质量黑洞。最近的研究表明，银河系超大质量黑洞的质量是太阳质量的 370 万～430 万倍。但也有例外：在本星系群中，作为一个大小适中的旋涡星系，风车星系（M33）并没有存在中心超大质量黑洞的明显证据。截至目前，没有人知道其中的原委。

随着有关存在中心超大质量黑洞的证据大量涌现，天文学家开始意识到，自20 世纪 60 年代以来观测到的 3C 273 等活动星系是极早期宇宙中由中心超大质量黑洞驱动的年轻星系。中心黑洞本身并不会发出可被观测到的能量，毕竟它是黑

可以把黑洞想象成接近相对论速度的水，在浴缸排水口转动的过程。

————•————

的，会吞噬一切它能"进食"的东西。但当气体、尘埃和恒星在黑洞周围受引力作用加速到令人难以置信的高速时，它们就会逐渐升温。随着它们升温，会释放出从极遥远处也能看到的令人

难以置信的辐射，正如在 M77 和 M106 这样的星系中心所看到的。可以把这个过程想象成接近相对论速度的水，在浴缸排水口转动的过程，其中一些水会绕着排水口越转越快，但并不会从那里流出。在一些活动星系中，剧烈的能量外流会以很长的喷流形式喷射。活动星系发出的光比整个银河系发出的还要亮 1 000 倍。

当星系年轻时

在拥有中心超大质量黑洞的银河系和其他星系处于更年轻时候，它们曾经有着相似的行为；未来当有气体、尘埃和恒星进入它们的中心时，它们会再次进入高度活跃期。事实上，直到 2002 年，当天文学家公布的数据显示有恒星和气体云在围绕银心明亮的致密天体人马 A* 高速运动时，银河系的超大质量黑洞才引起广泛关注。但这并不是一颗恒星所为，他们确定这是银河系中心的超大质量黑洞在加速并加热了周围的恒星和气体云所致。然而，人马 A* 的亮度却比活动星系的亮度要低得多。

2002 年，天文学家还发现了一个被称为"G2"的气体云，它似乎正在落入银河系的中心黑洞。2014 年，天文学家预计会看到这个气体云被黑洞吞食，银河系会短暂变得活跃起来，产生能量耀发。然而，当到了预估时间，这一切并没有发生，表明 G2 并不是一个普通的气体云，其中心可能还包含一颗恒星；抑或 G2 是一道物质流中的一个稠密区，该物质流的分布比目前观测到的部分更广泛。

对页图　散布于三角星系中的恒星形成区

　　三角星系（M33）中包含大量的粉色
电离氢区，即活跃的恒星形成区。这张令人
眼花缭乱的图展示了该星系最内部跨度为
30 000光年的区域，其中包含了一些宇宙中
已知的最大恒星"育婴室"。新生蓝白星发
出的强烈辐射会电离周围的氢气，使其发出
粉红色的光芒。

本页图　红外波段下的仙女星系

　　综合可见光和斯皮策空间望远镜的红外
数据，得到了这幅令人惊叹的仙女星系彩色
图像。以红色和绿色显示的红外辐射揭示出
由年轻恒星加热的块状尘埃带，它逐渐朝该
星系的核心缠绕聚拢。图中也可见其伴星系
M32（中上）和NGC 205（右下）。

本页图 狮子Ⅰ：亮星轩辕十四旁的矮星系

本星系群中的狮子Ⅰ由于和狮子座中最亮的恒星轩辕十四毗邻，因此在天空中很容易找到，狮子Ⅰ实际上很暗弱。该矮星系距离地球820 000光年，是银河系最遥远的伴星系之一。

对页图 仙女星系的核心

作为距离银河系最近的大型近邻星系，仙女星系距离地球250万光年，具有一个明亮的核心。在其核心深处有一个质量约为1亿个太阳质量的超大质量黑洞。

近观仙女星系的旋臂

　　哈勃空间望远镜获取的这张壮观的照片展示了仙女星系旋臂的一部分，其中包括一个巨大的恒星云团，即位于图像中心上方的一个活跃恒星形成区。它十分明亮，具有自己的编号NGC 206，横跨惊人的4 000光年。

本页图 仙女星系伴星系M32中的高温蓝星

　　在这幅由哈勃空间望远镜获取的图像中，作为仙女星系的伴星系之一，椭圆星系M32中包含了一族高温的蓝星。该图展示了在其生命晚期由高温氦燃烧恒星所发出的紫外线光。

对页图 巴纳德星系：一个有棒不规则星系

　　有棒不规则星系NGC 6822也被称作巴纳德星系，它位于人马座，距离地球160万光年，1884年由爱德华·巴纳德发现，是广受天文爱好者喜爱且多少有点挑战性的观测目标。

116

本星系群中的不规则星系

　　IC 10位于仙后座，距离地球220万光年，于1887年由天文学家刘易斯·斯威夫特发现，在1935年被确证为星系。该天体是本星系群中唯一的星暴星系。

左上图　沃尔夫−伦德马克−梅洛特星系：本星系群中一个奇怪的不规则星系

沃尔夫−伦德马克−梅洛特星系是个奇怪的不规则星系，位于鲸鱼座，距离地球300万光年。它于1909年由马克斯·沃尔夫发现，在1926年被天文学家克努特·伦德马克和菲利伯特·梅洛特确证为星系。

左下图　一对著名且有争议的天体

20世纪70年代，天文学家霍尔顿·C.阿尔普及其同事声称拍摄到了位于星系NGC 4319和微小的类星体马卡良205（右上）之间的一道光桥。这破坏了对宇宙学距离的测量，因为红移表明这两者之间存在很大的间距。最终，阿尔普的说法被证实有误，这损坏了他的声誉。NGC 4319位于天龙座，距离地球7 700万光

年，而马卡良205则远得多，距离地球约11亿光年。

右上图　马卡良509：一个动荡黑洞的内在秘密

遥远的马卡良509星系位于宝瓶座，距离地球5亿光年。天文学家发现，在该星系内部区域的周围存在一个高温气体冕以及在以160万千米/时的速度向外运动的冷气体"子弹"。作为强大的中心引擎，该星系内部的黑洞可能是导致这种核心爆发的原因。

右下图　天鹅A：有着壮观瓣状喷流的射电星系

天鹅A这个名字很奇怪，因为它是一个射电源，是一个强大的星系，距离地球约6亿光年。在这幅多波段图像中，蓝色显示了该星系中心附近的X射线辐射，红色则标记了射电辐射。该星系的射电喷流由中心黑洞喷出，跨度可达300 000光年。

前页图　位于武仙A侧面的黑洞喷流

　　庞大的椭圆星系武仙A包含了一个巨大的中心黑洞，中心黑洞约有40亿个太阳质量。落向黑洞但尚未进入黑洞内部的物质会转向，并以图中可见的双极喷流形式向外射出。武仙A距离地球约21亿光年。

本页图　圆规星系：拥有爆发核心的近邻星系

　　圆规星系是距离地球最近（1 300万光年）的活动星系之一。它是一个赛弗特星系，具有不稳定的高能核心，其中潜藏着一个黑洞。有气体环从该星系中心被抛射出来，直径约为1 400光年。中心黑洞是其背后动因。

本页图　一个赛弗特星系的肖像

这幅M77星系的合成图像展示了由哈勃空间望远镜拍摄的可见光图像，此外还叠加了用红色表示的钱德拉X射线天文台获得的X射线数据和用蓝色表示的射电辐射。该星系是天空中最亮的赛弗特星系之一，位于鲸鱼座，距离地球4 700万光年，其X射线辐射来自该星系活动核心内的黑洞。

背页图　草帽星系的碟状星系盘

室女座的草帽星系（M104）是广受天文爱好者喜爱的观测目标，它有一个几乎侧向的星系盘，外观看起来极像飞碟，在望远镜中可以看到沿着该星系边缘分布的显眼尘埃带。该星系距离地球约为2 900万光年。

123

对页图 **NGC 2276：一个拥有黑洞的受扰旋涡星系**

旋涡星系NGC 2276（左）位于仙王座，距离地球1.2亿光年，在天空中与椭圆星系NGC 2300（右）相邻。NGC 2276具有很高的恒星形成率，在它的一条旋臂内包含一个质量约为太阳的50 000倍的中等质量黑洞。

本页图 **造访首个黑洞天鹅X-1**

20世纪70年代初，天鹅X-1成为第一个强有力的黑洞候选体。天鹅X-1是位于银河系内的恒星质量黑洞，1990年被确证为黑洞，这也为天文学家在其他星系中发现黑洞开启了探索之路。

127

赛弗特星系M77及其爆发核心

    作为天空中最亮的赛弗特星系之一，M77位于鲸鱼座，距离地球约4700万光年。天文爱好者用望远镜就可以观测到其明亮且活跃的核心。

对页图 银心黑洞

天文学家使用钱德拉X射线天文台对银心黑洞附近的区域进行了成像，发现它可能正在发射质量几乎为零且不带电的中微子。这张照片展示了人马A*附近的区域，即400万个太阳质量黑洞周围的高能区域。该区域中的蓝色和橙色羽状物是数百万年前从黑洞所在区域喷射出的气体的遗迹。

本页图 银心附近的X射线热斑

由钱德拉X射线天文台拍摄的这幅惊人图像展示了银河系中心的X射线辐射区。这张巨幅拼接照片覆盖了900光年×400光年左右的区域，揭示了中子星、白矮星以及黑洞等高能天体的辐射，它们都浸浴在数百万度弥漫气体所发出的耀眼光芒中。

背页图 银心的恒星

银河系的中心被浓密的尘埃和气体所遮挡。沿着银河系核心方向，通常只能看到约1/3的恒星和星云。但通过红外光可以观测到约26 000光年外、拥挤银心区中纷乱的恒星和气体。这幅图宽约900光年，其中充斥着高温年轻恒星和红色的氢气云。

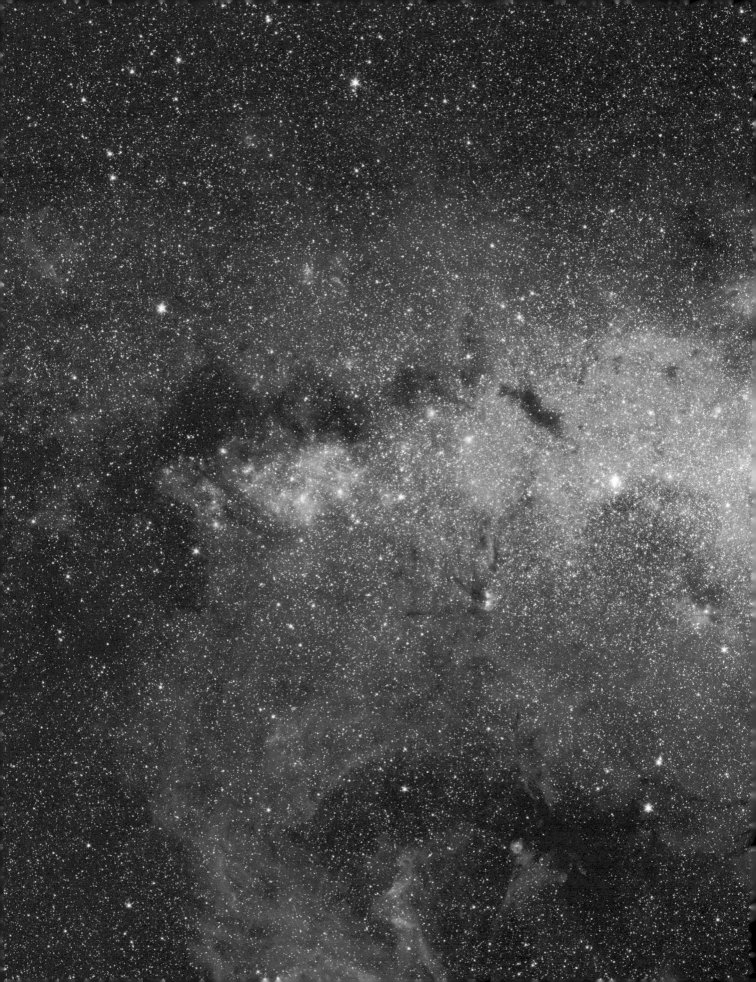

第四章

室女超星系团

* * *

强大的引力在宇宙中扮演着重要的角色。然而，星系与星系之间存在相互作用关系的占比很小，常言道，"太空无垠"。事实上，星系间的大部分空间是真空，没有在星系中所见的发光物质。随着远离本星系群、深入宇宙，引力在所有星系的一生中都扮演着重要的角色。大多数星系都存在于类似本星系群的群体中，同时也是包含成百上千个星系的星系团的成员。银河系也不例外。

让我们乘坐宇宙飞船开启本星系群之外的太空之旅。人类已经知道银盘的直径为 100 000 光年。本星系群的跨度约为 1 000 万光年，若飞船以光速从本星系群的一端穿

小知识

室女星系团是更大的室女超星系团的核心，它包含了本星系群在内的总数至少有100个星系团和星系群。

越到另一端要花 1 000 万年的时间。现在，让我们继续飞行，前往我们所处宇宙区域中最大的星系团，即室女星系团。室女星系团的中心距离我们超过 5 000 万光年，若乘坐飞船以光速飞行，需要 5 000 万年才能到那儿。我们今天在望远镜中所看到的这些星系发出的光早在人类祖先出现之前就已开始在太空中传播，那时，第一代蝙蝠，以及貘、犀牛和骆驼等许多现代哺乳动物种群才刚刚出现在地球上。

小知识

室女星系团中的第一批星系发现于18世纪70年代，当时，法国寻彗者夏尔·梅西叶观测到该星系团中的许多较亮的成员星系，不过他当时认为它们是星云。

资深天文爱好者都知道，春季的夜晚是观测许多星系的绝佳时机，遍布哈勃和德沃库勒尔分类法中所有类型的几十个星系散布于春季夜空中，聚集在室女座、后发座、狮子座、猎犬座及它们周围的区域。朝这片天区望去，视线可以远离遮挡其他遥远星系的银盘，穿过一扇通往更遥远宇宙的窗户。包括 M60、M61、M94、M96、M104、NGC 4535 和 NGC 4762 在内，许多明亮的星系都聚集在这片天区中，因为它们都隶属于室女星系团——人类所处的局部宇宙中的最大星系集群。

探索室女星系团

直到 20 世纪中叶，人类才逐渐对银河系周围最大的星系团有了认识。随着勘测的星系越来越多，并根据红移推算出它们的距离，天文学家发现在室女座方向上聚集有一大团星系。它就是室女星系团，包含了至少 1 500 个星系，其中心距离我们约为 5 400 万光年，核心区域由明亮的超大质量椭圆星系组成，包括 M84、M86、M87、M49 等星系。该星系团中的许多星系都非常明亮，天文爱好者在无月的黑暗夜空下使用望远镜就能看到它们的美妙细节。在室女星系团中，椭圆星系的数目与旋涡星系、棒旋涡星系的数目之和相当，奇特的不规则星系中包含一些相互作用的星系对。对天文爱好者来说，室女星系团为他们提供了天空中最大的望远镜游乐场之一。

室女星系团成员

室女星系团到地球的距离约是本星系群直径的 5 倍。其星系组成相当随机，大部分物质呈椭球形分布，其中一根轴的一端指向地球、另一端远离地球，该椭球形长轴的长度是短轴的 4 倍。旋涡星系沿着这条管状走廊排列，而椭圆星系则通常朝该星系团的中心聚集。该星系团拥有 3 个强引力"集团"：一个以超大质量星系 M87 为中心，一个集中在椭圆星系 M86 周围，一个以椭圆星系 M60 为中心。以 M87 为中心的"集团"是其中最大的，它包含了至少 100 万亿个太阳质量的物质，这使之成为室女星系团的质量核心。

小知识

椭圆星系M86是室女星系团的中心星系之一。该星系拥有梅西叶天体中最大的"蓝移"值，这意味着它正在靠近而非远离（"红移"）我们运动，速度达244千米/秒。

星系之王：M87

室女座星系团中最大的单个星系具有惊人的多样性。M87 是室女星系团中一个占据绝对主导的星系，也是已知的最大椭圆星系之一。它被归类为罕见的中央主导星系，即富星系团中的超巨型椭圆星系。M87 于 1781 年由法国天文学家夏尔·梅西叶发现，天文学家自 20 世纪对其开展研究以来，就一直认为它是个庞然大物。由恒星和气体组成的晕构成了 M87 的球状外形，直径近 500 000 光年，让银河系相形见绌。

尽管 M87 是一个结构相对不清的巨大恒星球形集合，但从它一侧喷涌出的喷流却引人注目。这道喷流非常明亮，甚至在一些天文爱好者所拍摄的照片中也能看到。这一物质喷流由落向该星系中心超大质量黑洞的物质被抛射出来所致，物质由此避免了掉进黑洞的绝境。以极高的速度向外喷射出的这些物质会发出高能 X 射线和 γ 射线辐射。当物质离开黑洞的吸积盘时，喷流会沿着其内部路径扭曲，并汇聚成可延伸至 250 000 光年的束流。

驱动 M87 喷流的超大质量黑洞是已知的最大黑洞之一，它的质量约为 50 亿~70 亿个太阳质量，相比之下，银心黑洞的质量仅为 430 万个太阳质量。因此，M87 黑洞的质量是银心黑洞的 1 000 多倍。2019 年，天文学家发布了该黑洞周围的图像，这也是用事件视界望远镜拍摄的第一幅图像。M87 还因其数量庞大的球状星团而广为人知，球状星团在该星系外围的晕中绕其运动。天文学家认为，相较于银河系仅拥有约 150 个球状星团，M87 则拥有约 12 000 个。

小知识

M87是已知的质量最大的星系之一，拥有12 000个球状星团和一个质量达太阳70亿倍的中心黑洞。

驱动着 M87 喷流的超大质量黑洞也是
已知的最大黑洞之一。

室女超星系团

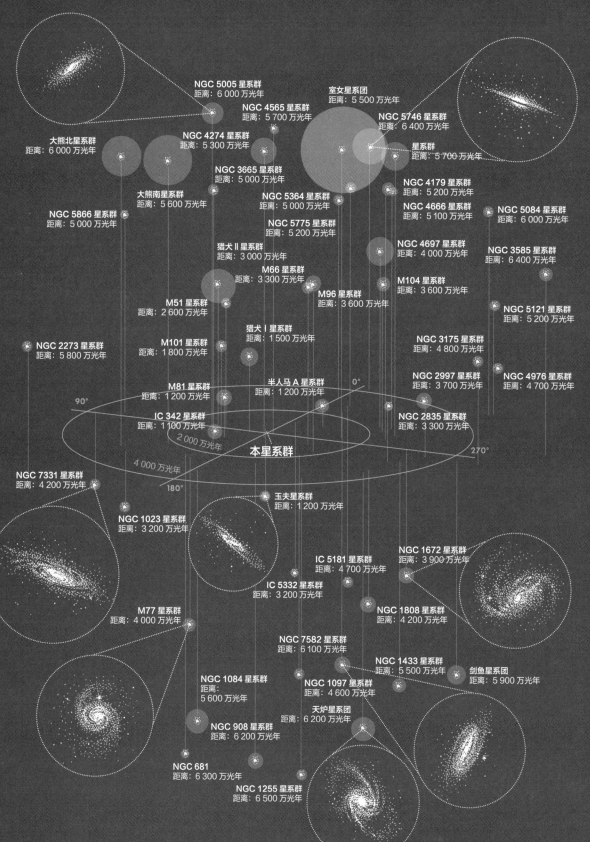

NGC 5005 星系群
距离：6 000 万光年

室女星系团
距离：5 500 万光年

NGC 4565 星系群
距离：5 700 万光年

NGC 5746 星系群
距离：6 400 万光年

大熊北星系群
距离：6 000 万光年

NGC 4274 星系群
距离：5 300 万光年

星系群
距离：5 700 万光年

NGC 3665 星系群
距离：5 000 万光年

NGC 4179 星系群
距离：5 200 万光年

大熊南星系群
距离：5 600 万光年

NGC 5364 星系群
距离：5 000 万光年

NGC 4666 星系群
距离：5 100 万光年

NGC 5084 星系群
距离：6 000 万光年

NGC 5866 星系群
距离：5 000 万光年

NGC 5775 星系群
距离：5 200 万光年

NGC 4697 星系群
距离：4 000 万光年

NGC 3585 星系群
距离：6 400 万光年

猎犬 II 星系群
距离：3 000 万光年

M66 星系群
距离：3 300 万光年

M96 星系群
距离：3 600 万光年

M104 星系群
距离：3 600 万光年

NGC 5121 星系群
距离：5 200 万光年

M51 星系群
距离：2 600 万光年

猎犬 I 星系群
距离：1 500 万光年

NGC 3175 星系群
距离：4 800 万光年

NGC 2273 星系群
距离：5 800 万光年

M101 星系群
距离：1 800 万光年

NGC 2997 星系群
距离：3 700 万光年

NGC 4976 星系群
距离：4 700 万光年

0°

M81 星系群
距离：1 200 万光年

半人马 A 星系群
距离：1 200 万光年

90°

IC 342 星系群
距离：1 100 万光年

NGC 2835 星系群
距离：3 300 万光年

2 000 万光年

270°

本星系群

NGC 7331 星系群
距离：4 200 万光年

4 000 万光年

玉夫星系群
距离：1 200 万光年

180°

NGC 1023 星系群
距离：3 200 万光年

NGC 1672 星系群
距离：3 900 万光年

IC 5181 星系群
距离：4 700 万光年

IC 5332 星系群
距离：3 200 万光年

M77 星系群
距离：4 000 万光年

NGC 1808 星系群
距离：4 200 万光年

NGC 7582 星系群
距离：6 100 万光年

NGC 1433 星系群
距离：5 500 万光年

剑鱼星系团
距离：5 900 万光年

NGC 1084 星系群
距离：
5 600 万光年

NGC 1097 星系群
距离：4 600 万光年

天炉星系团
距离：6 200 万光年

NGC 908 星系群
距离：6 200 万光年

NGC 681
距离：6 300 万光年

NGC 1255 星系群
距离：6 500 万光年

室女星系团的"心脏"

在 M87 附近的天区中存在一系列位于室女星系团内部的明亮星系，其中包括由梅西叶于 1781 年发现的 M84 和 M86。这串星系（马卡良星系链）还包括 NGC 4477、NGC 4473、NGC 4461、NGC 4458、NGC 4438 和 NGC 4435。马卡良星系链标志着室女星系团的可观测核心。20 世纪 60 年代初，亚美尼亚天文学家本杰明·马卡良发现这些星系在太空中会共同运动。M84 是一个椭圆星系，可见 2 条明显的尘埃带穿过其表面，它距离地球 6 000 万光年。附近的 M86 是另一个具有十分明亮中心的大质量椭圆星系，它距离地球约 5 200 万光年。马卡良星系链中的这 2 个星系和它们的近邻组成了室女星系团的核心，受到许多天文爱好者的广泛关注。其他不同寻常的近邻星系还包括 M60、M61、M85、M89、M90、M91、M100 和 NGC 5033。

小知识

室女星系团是距离我们最近的大型星系团，在这个直径至少 1 500 万光年的球体中包含了至少 1 300 个星系。

超星系团

对页图 **本超星系团在 6 500 万光年外**

本星系群只是室女超星系团中众多星系集合之一。这个由相对较小的星系群和大型星系团组成的庞大集群，从大质量室女星系团的中心向外延伸超过 5 000 万光年。此图显示了从本星系群（位于图中心，但它实际上靠近该超星系团的边缘）延伸到室女星系团远端的该超星系团部分。图中展示了包含至少 3 个相对较大星系的所有星系群和星系团。

为天文学家所熟知的室女星系团仅仅只是银河系附近局部宇宙的一部分。星系不仅能以星系群（如本星系群）或星系团（如室女星系团）的形式存在，还能以更大的聚集形式存在。超星系团可以包含成千上万个星系，其尺度更是大了一个数量级。室女超星系团也称作本超星系团，是最大的星系集合，银河系和天空中易见的大多数星系都是其成员。它比室女星系团还要大得多。

室女超星系团共包含约 100 个星系群和星系团，它的直径约为 1.1 亿光年。在整个可观测宇宙中，天文学家能看到约 1 000 万个囊括所有星系的超星系团。

德裔英国天文学家威廉·赫歇尔和他的儿子约翰·赫歇尔所做的大量观测让人类开始真正去了解室女超星系团。父子二人对室女座、后发座以及周围星座中大量星云的观测记录表明存在一个大型聚集区，这引发了天文学家对该天区中许多大型模糊星云的遐想。1863 年约翰·赫歇尔发表《星云星团表》时，人们已经对散布于这个天区中的旋涡星云和其他奇特星云的数量进行了相当好的普查，这些天体中的大多数后来被证实为星系。

天文学家描绘的室女超星系团

在哈勃取得突破性发现之后，天文学家才开始意识到星系在朝向室女座的方向有显著聚集。20 世纪 50 年代初，热拉尔·德沃库勒尔在发表的数篇论文中指出，该区域中的星系过量可能代表着某种大尺度的星系结构。1953 年，德沃库勒尔提出了"本超星系"，用来解释这一聚集现象，5 年后他又创造了"本超星系团"一词。即便天文学家就这一聚集是真实的还是纯粹的偶然排列有分歧，哈洛·沙普利仍提出了"总星系"一词。最终，"本超星系团"和后来的"室女超星系团"胜出。

20 世纪 70 年代，天文学家在大尺度红移巡天方面已取得大量进展，揭示出星系在室女座方向的聚集是真实的，其中大多数天体有着相似的距离，在天空的这一方向上确实存在一大团星系。天文学家对这些星系中的许多进行了研究，如 NGC 7331 和 NGC 7814。

一个橄榄球

对室女超星系团认知的下一个飞跃则来自加拿大裔美国天文学家 R. 布伦特·塔利（R. Brent Tully）于 1982 年发表的一篇具有里程碑意义的论文。他对室女超星系团进行了大量的分析，提出它包含一个容纳了约 2/3 该超星系团成员星系的扁平盘，和一个容纳了剩余 1/3 成员星系的球形晕。从这个意义上讲，根据最简单的构成要件，超星系团的基本结构与旋涡星系有点类似，是一个大致呈橄榄球形的椭球体。塔利提出，超星系团的盘结构相当薄，厚度可能只有 300 万~500 万光年，其长轴至少是短轴的 6 倍。他在这些研究中用到了大量星系样本，如 NGC 253、NGC 2903 和 IC 356。

在 21 世纪的最初几年，澳大利亚天文学家公布了澳大利亚天文台 3.9 米口径望远镜在 2 度视场星系红移巡天观测中获取的数据。2003 年公布的信息提供了 2 幅延伸至 25 亿光年远、大尺度宇宙的"切片"图像。这些观测数据使天文学家第一次可以将室女超星系团与其他几个近邻超星系团进行比较。他们发现室女超星系团非常"贫瘠"，这意味着它没有聚集的中心。与观测到的许多其他更遥远的超星系团相比，室女超星系团要小得多。尽管室女星系团作为一个富星系团就位于其中心附近，但它周围的星系和星系群纤维状结构相比于宇宙中许多更富集的星系团却相当稀松。

室女超星系团较为"贫瘠"，缺少
一个聚集的核心。

融入宇宙

就像太阳系远离银河系的中心、处于银河系的"郊区"一样，本星系群距离室女超星团的中心活动区也相当遥远。本星系群位于一条从天炉星系团延伸到室女星系团的小型星系纤维状结构上。室女超星系团规模巨大，加之银河系位于一条小型星系纤维状结构的远端，加剧了我们被"孤立"的感觉。总体上讲，室女超星系团的体积是本星系群的 7 000 倍，是银河系的 1 000 亿倍。不由得再一次感叹"太空无垠"！

我们在哪里？

天文学家使用不同的坐标系给出天体的位置。在太阳系中，地球的轨道平面（黄道）是一个很好的参考；在太阳系之外，银道面是最好的选择。黄道面和银道面的夹角为60°。

银道面

90°

180°

太阳

黄道面

0°

60°

270°

通过一架望远镜观察星系在天空中是如何分布的，也许会看到 NGC 1365、NGC 7217 和 NGC 7479 这样的星系。室女超星系团中的星系分布并不均匀，绝大多数明亮的星系都相对靠近室女超星系团的中心，随着距离中心越来越远，星系的数目会急剧下降。更多的明亮星系则位于室女超星系团中的几个"集团"内。几乎所有这些星系都位于猎犬星系团、室女星系团和其他 9 个星系团——室女 Ⅱ 星系团、狮子 Ⅱ 星系团、室女 Ⅲ 星系团、巨爵星系团、狮子 Ⅰ 星系团、小狮星系团、天龙星系团、唧筒星系团和 NGC 5643 星系团。

大空洞

以上这些意味着本超星系团中的绝大部分区域都是没有星系的巨大空洞。室女超星系团与其他超星系团相距甚远，被无边的巨洞分隔。这些巨洞的直径从几千万光年到数亿光年不等，它们周围则蜿蜒曲折地分布着由星系组成的纤维状结构。在非常大的尺度上，可以把星系团和超星系团中的星系想象成肥皂泡，星系附着在其表面，中间则是广袤的真空。科普兰七重星系、天炉 A、M65、M66、M77、M88、M90、M95、M108、NGC 660、NGC 772、NGC 1055、NGC 1097、NGC 1313、NGC 1672、NGC 3717、NGC 4151、NGC 4365、NGC 4725、NGC 5907、NGC 7331、IC 1613 和 IC 2574 等样例彰显了星系的不同形式。

本超星系团的绝大部分区域都是巨大的空洞。

不过，在研究甚大尺度的宇宙之前，可以驻足欣赏一下刚好位于本星系群之外、更靠近室女星系团中心的一些邻居星系。由于这些星系既能用望远镜观看，还能用照相机拍照，因此备受天文爱好者关注。许多这些相对较近的星系给我们提供了一幅壮观的画面，让我们看到了整个宇宙中必然存在的星系类型。

近邻星系群

离开本星系群，会遇到其他几个相对较近的小型星系群。最近的是 IC 342/ 马费伊 1 星系群，它包含了至少 18 个星系。在这个双星系群中，数个星系聚集在正向有棒旋涡星系 IC 342 周围，另一个子群则环聚在距离约 900 万光年的椭圆星系马费伊 1 周围。从地球看去，马费伊 1 星系群及其邻近的马费伊 2 星系群位于仙后座方向的一个银河富饶区中，由于非常暗弱且被银河系中的尘埃遮蔽，直到 1968 年才被意大利天文学家保罗·马费伊（Paolo Maffei）发现。

另一个邻近的 M81 星系群距离地球 1 100 万光年，包含至少 34 个星系。其中最亮的 2 个星系 M81 和 M82 位于大熊座，是春季天空中明亮的星系，因而为天文爱好者所熟知。M81 于 1774 年由德国天文学家约翰·波得（Johann Bode）发现，有时也称为波得星系，它是一个明亮的、大倾角旋涡星系，甚至可见于双筒望远镜中。距离 M81 不远，在低倍率望远镜视场中可以看到一个几乎侧向的、扭曲不规则星系——M82，有时也称为雪茄星系，是个令人惊奇的天体，因为它正在经历一个星暴时期，与 M81 引力相互作用可能触发了这一波恒星的爆发式形成。M81 星系群还包含了明亮且著名的星系 NGC 2403、NGC 2976 和 NGC 3077。

小知识

马卡良链位于室女星系团的核心，这条弯曲的星系链包含了M84、M86和其他6个明亮的星系。

随着对室女星系团组成的持续研究，天文学家们的关注点转向了那些距离更远的星系群。宇宙飞船继续向外航行，遇到的下一个是半人马 A/M83 星系群，它拥有一些非同寻常的天体。该星系群的距离在 1 200 万光年到 1 500 万光年之间，包含了 2 个子星系群，一个以半人马 A 为中心，另一个以 M83 为中心。前者拥有 29 个在引力作用下绕半人马 A 运动的成员星系，后者则有 15 个成员星系散布于 M83 的周围。

半人马 A 位于南天，是一个易见于天文爱好者望远镜的明亮星系，由于最初

半人马 A 可能是
银河系与仙女星系
并合后的样子。

是作为强射电源被发现的，因此它有着一个特殊的名字。这个特殊且杂乱的星系的射电辐射源自其中心黑洞，该黑洞的质量是太阳的 5 500 万倍。这一巨大椭圆星系是 2 个星系在遥远的过去发生大型碰撞和并合的产物，当我们的银河系与仙女座星系合并时，这个巨大的、充满能量的椭圆星系可能预示着银河系的未来。天文爱好者使用合适的照相设备即可拍摄到从该星系中心喷射出的喷流，它携带着从落入该黑洞的物质中逃逸出来的部分。

另一个子星系群以明亮的星系 M83 为中心，M83 是另一个为天文爱好者所熟知的目标。这个正向有棒旋涡星系位于南天的长蛇座，它的外观和从外部所看到的银河系模样相似。M83 星系盘的直径仅约 60 000 光年，因此它的大小可能只有银河系的 2/3。

进入更深空间

继续向外，下一个则是玉夫星系群，距离地球约 1 300 万光年，位于南天。它至少包含 13 个星系，该星系群拥有最明亮的侧向旋涡星系之一 NGC 253，有时也称为玉夫星系。与 M82 类似，这个漂亮的天体也是一个星暴星系，正在经历爆发式的恒星形成。它的中心黑洞的质量约为太阳的 500 万倍，略大于银心黑洞。同在该星系群中的还有明亮的星系 NGC 247 和 NGC 7793，在天空中位于这些星系附近的著名星系 NGC 55 和 NGC 300 则被认为是距离更近的前景星系。

比玉夫星系群距离稍远一些的是位于北天的猎犬Ⅰ星系群，也称 M94 星系群，距离地球约 1 300 万光年。猎犬星系群包含至少 14 个、以多环旋涡星系 M94 为中心分布的成员星系。M94 具有一个非常明亮的核，为天文爱好者熟知；它有一个内环和一个由旋臂错综排列而成的独特外环。

接下来是 NGC 1023 星系群，这是一个由至少 5 个星系组成的小型星系群，距离地球 2 100 万光年。这个小型星系群包含了一些天文爱好者所熟知的天体，例如透镜状星系 NGC 1023、侧向旋涡星系 NGC 891 和棒旋涡星系 NGC 925。

还有更多的星系群在不断涌现。下一个是同样距离地球 2 100 万光年的 M101 星系群，它是一个以大型明亮正向旋涡星系 M101 为中心、包含至少 7 个星系的小型星系群。M101 也为天文爱好者所熟知，是大熊座中最明亮的星系之一，位于北斗七星附近。其因正向旋臂呈风车形，常被称为风车星系。它是一个物理上很大的星系：明亮的星系盘直径 170 000 光年，约是银河系的 1.7 倍。它的旋臂并不对称，上面散布着大量恒星形成区。

去往室女星系团的中途

NGC 2997 星系群距离地球约 2 500 万光年，是围绕着南天唧筒座中的星系 NGC 2997 的一个小型星系群。在它之外不远的地方还存在更多的星系群：猎犬 Ⅱ 星系群包含明亮的星系 M106 和一些较小的星系。相似地，M51 星系群包含了旋涡星系 M51 及其附近的一系列星系，M51 是天文爱好者所熟知的最明亮星系之一。在 3 100 万光年这个距离上，一系列星系群可以延伸到去往室女星系团中心的中途，对这些星系的探索会对近邻星系的种类有一个很好的认知。

然而，当我们冒险深入到极为遥远的地方时，星系的性质将会如何改变？在空间和时间的边缘，随着我们不断向更远的地方进发，星系会是什么样子？

M101 因其正向旋臂而常被
称为风车星系。

关于星系并合的新观点

近年来，天文学家一直在深入研究碰撞星系，并提出了一个碰撞理论，该理论定义了碰撞的特定类型以及由此可能会形成的我们目前可见的奇特形式。第一种且最剧烈的碰撞类型是正面碰撞，类似于两辆卡车在高速公路上迎面冲撞。这类灾难性事件产生了诸如车轮星系这样引人注目的天体。位于玉夫座、距离地球 5 亿光年的车轮星系是一个环状星系，具有一个高度凝聚的核，核周围有一个由恒星形成区组成的亮环，介于这两者之间的地方则鲜有物质。如果星系撞击可以分类，那这就是直接的正面碰撞。

1941 年，弗里茨·兹维基发现了车轮星系。在随后的几十年里，天文学家发现了更多的环状星系，虽然它们相对罕见。20 世纪 70 年代，天文学家利用计算机建模解释了环状星系的基本物理成因：对于一个拥有大型星系盘且有恒星和气体云在其中做圆轨道的目标星系，当一个入侵星系径直撞上目标星系，此时前者沿着后者的自转轴直接穿过其星系盘并从后方穿出，就会形成环状星系。在这一碰撞过程中，目标星系就是靶心。

环状星系系列

车轮星系形成于一次相当对称的正面撞击。不过，完美的对称在宇宙中很罕见，因此有些环状星系是由非对称撞击产生的，这些撞击的地点并不位于星系中心并且撞击的速度方向也不完全垂直于星系盘。因此，一大批不对称环状星系都拥有扁环、斑点状中心、扭曲旋臂和其他各式各样的反常点。

环状星系的一大惊人样例是霍格天体，以美国天文学家阿瑟·霍格（Arthur Hoag）命名，他于1950年发现了该星系。霍格天体位于巨蛇座，距离地球约6亿光年，在其明亮的黄色致密核周围有一个由年轻高温蓝星和气体组成的近乎完美的环。霍格天体可能是因碰撞形成的，但这尚未被证实。在完美的碰撞中，星系盘中的密度波会形成环，产生环状的外形，但对于霍格天体，没有发现撞击的迹象；若这个星系是个并合体，那么如高速子弹般撞击它的星系似乎已经远离。

此外，还存在其他类型的环状星系，其中最有趣的是极环星系。NGC 4650A很典型，它的一道物质环垂直于明亮的透镜状星系中心。能形成此类星系的碰撞将星系的大部分气体拉到一个新的结构中，形成了这一奇特的外观。

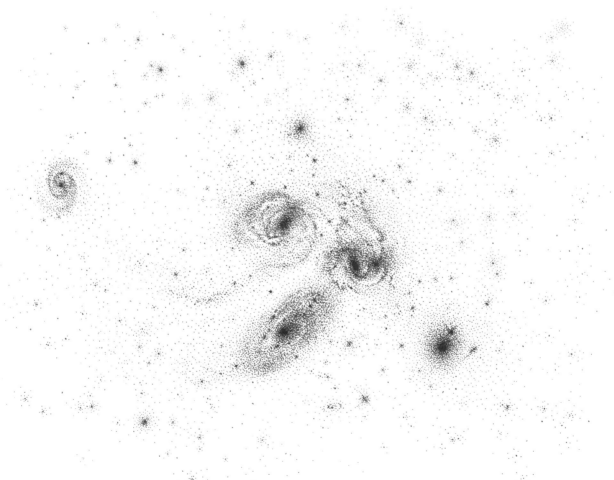

星系并合的过程

虽然跳脱出来观测和研究相互作用星系是一个相对新的理念，但对于星系有时会发生碰撞的认识却可以追溯到很久以前。在哈勃发现星系的本质后不久，他和其他几位天文学家就开始思考，这些庞大的恒星系统能否发生相互作用。在 20 世纪 20 年代，在思考这些问题的先驱者中就有哈洛·沙普利和瑞典天文学家贝蒂尔·林德布拉德（Bertil Lindblad）。很快，这些天文学家就把目光聚焦到了最可能发现星系间彼此相互作用的地方——星系群和星系团。天文爱好者用望远镜就能看见的、相互作用星系中的最惊人范例之一便是斯蒂芬五重星系，它是飞马座中的一个星系群。

随着天文学家研究了更多的星系，他们发现仅有少数的星系会相互作用。不过，这些正在发生动态碰撞的系统为天文学家提供了许多参考信息。所有星系中有约一半存在于星系团中，大多数星系周围的暗物质晕则可延伸到远超其可见星系盘的范围。因此，正在发生的相互作用比认为的要更多。星系相互作用需要很长的时间，从几亿年到几十亿年不等。因此，为了目睹星系相互作用，需要合适的观测时机：星系仅在其寿命的 1%~10% 的时间里会发生交会。诸如后发星系团这样的富星系团为天文学家目睹这些相互作用提供了一个绝佳的"实验室"。

小知识

小型窜入星系NGC 5195 正在快速掠过涡状星系M51，将物质从后者拽出。这是天文爱好者用望远镜便可观测的一个相互作用星系的极佳范例。

星系间的潮汐相互作用

与产生环状星系的直接碰撞不同，大多数星系的相互作用没有这么精确的针对性，一个星系引力的直接拉扯会导致另一个星系重组。特别是星系群和星系团中的星系，它们大多通过潮汐效应相互作用；当一个星系途经另一个时，会改变一条或多条旋臂，抑或仅影响星系的某个区域。

涡状星系是星系间潮汐相互作用的一个很好的案例。较小的星系 NGC 5195 正被较大的星系 M51 加速，这一景象足够明亮，天文爱好者用望远镜可以观察到。在 20 世纪 70 年代，爱沙尼亚裔美籍天文学家阿拉尔·图姆尔（Alar Toomre）和他的天体物理学家弟弟于里·图姆尔（Jüri Toomre）通过计算机模拟，解释了许多具有潮汐尾的星系相互作用类型。他们确定了会在星系 M51，以及在触须星系和双鼠星系等中形成所见潮汐尾的过程。

随后，类似的星系也得到了研究和解释。在 20 世纪 90 年代，德布拉（Debra）、布鲁斯·埃尔姆格林（Bruce Elmegreen）夫妇和美国天文学家柯蒂斯·斯特拉克（Curtis Struck）等人研究了一对相互作用的星系 NGC 2207 和 IC 2163，它们有时也被称为双眼星系。他们发现，这对星系代表了一个特殊的类型，其具有形似"憔悴眼睑"的外观和短潮汐尾，常被称为"眼睛星系"。在飞掠碰撞过程中，在星系内传播的相位波造就了这一眼睛的形状。像触须星系和 NGC 3190 星系群等为星系相互作用提供了有趣的视角。

星系尾、棒结构和引力瓦解

其他类型的潮汐相互作用也会发生，其中一些会在星系中形成棒结构。依据形状和速度，从一些高速矮星系中可以甩出能延伸至非常远的潮汐尾。一些潮汐相互作用会使星系严重畸变，变成吉他形，如 Arp 105；或者导致逆行交会，如子弹星系沿着与主星系盘转动相反的方向飞掠而过。

在有着多条旋臂且因逆行交会而被扭曲的星系中，位于大熊座、具有不对称星系盘的风车星系（M101）是个著名的案例。对 M101 来说，其阑入星系仍未知，但它看上去确实受到了交会的影响。与其交会的有可能是它附近略微畸变的星系 NGC 5474。其他目前没有明显相互作用的星系也会展现出畸变效应，如多旋臂旋涡星系 NGC 4622，它的一组旋臂沿着与其他旋臂相反的方向旋转。

星系相互交会时，会把物质拖拽出来，扭曲星系的形状，导致潮汐相互作用。这些现象可见于许多碰撞星系中，例如 NGC 68 星系群、NGC 708 星系群和赛弗特六重星系。但当星系相互作用更具灾难性时，会发生什么？正面碰撞造成的并合常常会完全重塑这 2 个星系。一些天文学家相信，椭圆星系形成于旋涡星系的并合，图姆尔兄弟就是这个观点的坚定支持者。毕竟，大多数椭圆星系都位于星系密布且发生并合概率大的星系团中。图姆尔兄弟和其他天文学家研究了后来被称为并合率的概念，它是认识星系团和其他环境中星系并合演化的一个指标。更多有趣的案例还有 Arp 147、Arp 272、Arp 273、ESO 510-G13、NGC 5216 和 NGC 6745。

并合形成星系

在未来很长的一段时间内，天文学家会继续研究星系并合在形成椭圆星系中的重要性。但已经清楚的是，星系通过并合而形成，我们所在的银河系也不例外。银河系很可能包含了多达 100 个小星系的遗迹，这些小星系在银河系过往的 90 亿年里并合入了其中。

哈勃深场把这个星系并合的过程推向了极限。为了拍摄最暗弱的星系，哈勃空

星系通过并合而形成，我们所在的银河系也不例外。

间望远镜拍摄了一系列深场照片，即对小片天区进行极长时间的曝光。第一幅深场照片拍摄于 1995 年，专注于大熊座的一小片天区，该天区中的近 3 000 个天体几乎全是星系。2004 年，天文学家发布了哈勃超深场，这是一次更长时间的曝光，展现了天炉座一小片天区内约有 10 000 个星系。2012 年，哈勃极深场发布，它是超深场的精细化版本，展示了形成于宇宙大爆炸 5 亿年后的星系。

这些照片表明，大量小而致密的原星系会随着时间的推移聚集到一起，形成如银河系这样、在当今宇宙中可仔细端详的普通星系。请记住，当看向遥远的宇宙，看到像深场这样的照片时，我们也在回溯宇宙的过往。

星暴重塑星系

　　在过去的一二十年间，天文学家了解了大量关于星系碰撞的细节。当星系并合时，能量会传递给它们的星系盘，星系中的恒星形成常常会再次兴起。如果并合的结果很激烈，天文学家称其为"星暴"。在许多并合星系中可以看到恒星的暴发式形成。气体被压缩、引力占据主导、形成新的星团，星暴的规模有时候会很大。一个很好的例子是大熊座的雪茄星系（M82），这个易见于天文爱好者望远镜的明亮星系正在经历一次高能星暴事件。附近的明亮星系 M81 正在通过引力拉扯 M82，导致了这一星暴事件。在星系 Apr 302、NGC 3169 及 NGC 4676A 和 NGC 4676B 中，可以见到更多不寻常的例子。

　　并合还会对星系中心造成灾难性影响。现在天文学家知道，除了矮星系之外，几乎每一个星系的中心都有一个超大质量黑洞。正如我们所见，银河系中心就有一个。在星系的年轻时期，这些黑洞是活跃的引擎，吸积了附近的所有物质，向外抛射没有径直落入的能量和物质，从而形成明亮的类星体核心。后来，随着可吸积物质的消耗殆尽，这些黑洞开始变得宁静，进入休眠状态。

星系并合可以向休眠的黑洞倾泻大量的恒星和气体，唤醒它们再次进入活跃状态。

———

苏醒吧，黑洞！

　　星系并合可以向休眠的黑洞倾泻大量的恒星和气体，唤醒它们再次进入活跃状态。这有可能在星系中心重启或造就一个类星体核心，形成一个强劲的星系怪物。这可能正发生在近邻星系并合体半人马 A（NGC 5128）中，它是小型望远镜可看的一个南天美丽星系。在星系并合中，两个黑洞会逐渐靠近、然后并合，形

黑洞——星系中心的引擎

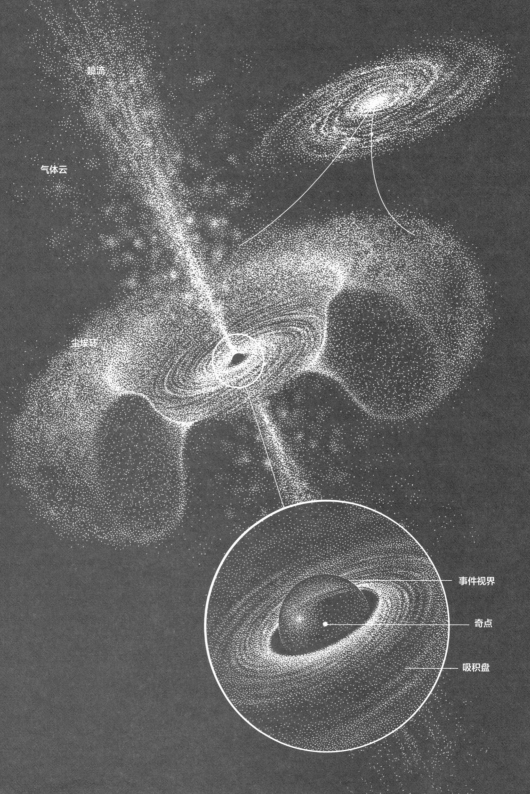

喷流

气体云

尘埃环

事件视界

奇点

吸积盘

成一个质量更大的中心黑洞，重启星系核的动力学过程。

当然，不是所有的星系并合都涉及正面碰撞这样的重大灾难性事件。大多数星系相互作用发生在大小和质量迥异的两个星系之间。当一个大星系与一个小星系相互作用时会发生什么？这些次并合也很奇特，显现出了一系列的效应。当小星系的质量不超过大星系的 10% 时，大星系一般只会受到相对较小的影响。在英仙星系团和 Apr 227 中也可以看到这些不寻常的案例。

> 我们所在的银河系最终将在几十亿年后经历一次重大并合。

星系壳层

较小的星系穿过较大星系的星系盘时，会产生潮汐冲击效应，由此可以形成星系周围的壳层、星系内的反旋盘、潮汐尾和其他特征。后发座中著名的黑眼星系（M64）就是反旋盘的绝佳范例，其内盘的旋转方向与外盘的相反。

如前文所述，我们所在的银河系最终将在几十亿年后经历一次重大并合。当仙女星系和银河系发生碰撞时，银河系将成为本超星系——银河仙女星系的一部分。在该星系中，行星的夜空会被如今无法看到的壮观景象所照亮。随着我们进入宇宙深处，星系相互作用的种类会变得极其丰富，形状和大小各异的普通古老星系的数量也会大幅增加。

对页图　**黑洞中心——星系的引擎**

大多数星系的中心都有质量大于 100 万倍太阳质量的超大质量黑洞。有时这些星系会快速地把物质集其中心吸积，释放大量的能量，进而被天文学家观测到。它们被称为活动星系核。当从特定的视角观看时，不同朝向的活动星系核看上去可能会各不相同。

黑洞是球状的，物质可以从任意方向落入。多数下落的物质会形成一个吸积盘，吸积盘会被加热并发出明亮的辐射——通常被天文学家用来探测黑洞。黑洞常常会形成喷流。在落入事件视界前，物质会被推离吸积盘并抛射出去。

天文学家普遍认为有一个尘埃"环"围绕着黑洞。尘埃"环"虽然经常被画成圆环形或甜甜圈形，但其真实形状依然存疑。其他物质云也会被黑洞的引力俘获，它们的运动速度或快或慢，具体取决于它们到中心黑洞的距离。

NGC 3949: 引人注目的银河系"表亲"

由于我们无法从外部观察自己所在的星系，因此有必要观测近邻宇宙中类似的星系。NGC 3949是银河系的一个"表亲"，是位于大熊座、距离地球约5 000万光年的一个棒旋星系。

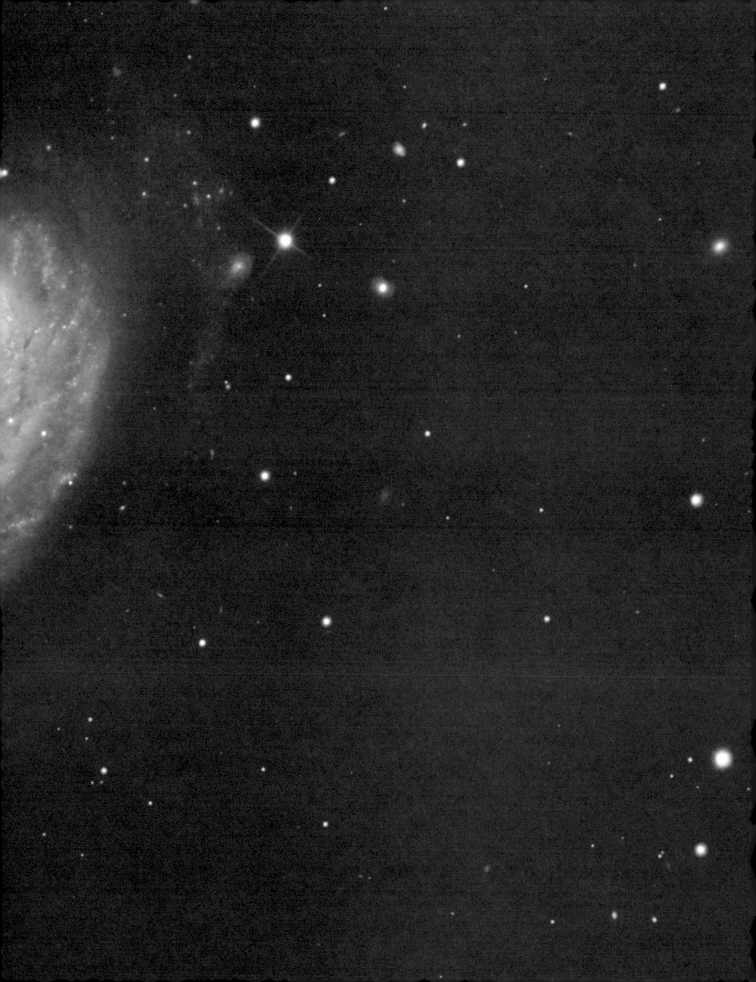

前页图 NGC 4725：一个富尘埃环状赛弗特星系

棒旋星系NGC 4725位于后发座，距离地球4 000万光年。它是一个具有高能活跃核心的赛弗特星系，在其中心是至关重要的超大质量黑洞。

对页图 鲸鱼星系及其伴星系

猎犬座中的NGC 4631星系因其独特的形状而得名鲸鱼星系，它距离地球3 000万光年。其暗弱的伴星系NGC 4627是一个环绕鲸鱼星系的矮椭圆星系。最终，这个小星系会被鲸鱼星系的引力吞并，激起新一轮的恒星形成。

本页图 M100和它著名的1979年超新星

后发座中的M100明亮且易见于天文爱好者望远镜中，是天文爱好者钟爱的观测目标。它是室女星系团的一部分，距离地球5 500万光年。1979年，M100中出现了一颗明亮的超新星，即图中该星系下侧旋臂中蓝色气体团块下面的那颗亮星（靠近底部中间偏左处）。在这颗恒星爆发30年后，钱德拉X射线天文台探测到了从该区域发出的X射线，意味着这颗超新星拥有我们所在宇宙区域中已知的最年轻黑洞。

背页图 NGC 660：一个奇特的极环星系

作为一种罕见的星系类型，极环星系拥有一个由大量的恒星、气体和尘埃组成、围绕其星系主体并近乎垂直于其主轴的环。双鱼座中的NGC 660距离地球4 500万光年，是一个极环星系。它的极环散发着恒星形成的粉红色光芒。这个极环所包含的物质可能俘获自很久以前途经的另一个星系。

161

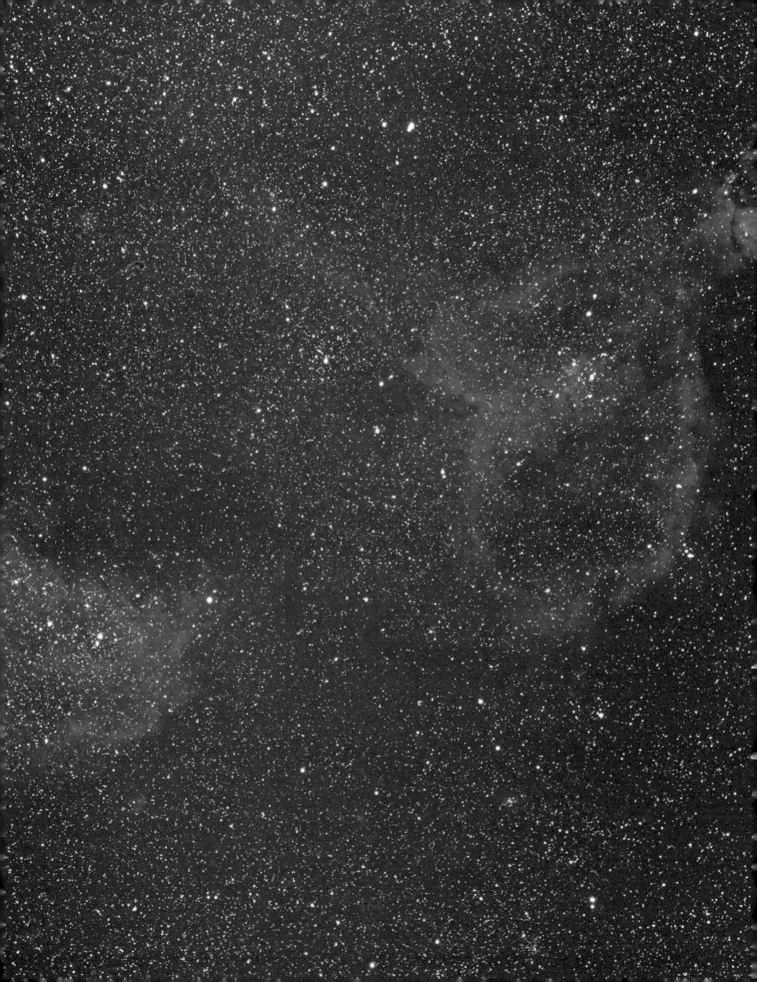

对页图　心灵星云及其2个近邻星系

　　仙后座中的2个巨大气体云被称为心灵星云。心星云（IC 1805，右）和灵星云（IC 1848，左）与星系马费伊1及马费伊2位于同一天区，后两者在图中分别是位于两大星云下方和中间的微小光点。

顶图　马费伊1：本星系群的"冒名者"

　　天文学家曾长期认为不寻常的星系马费伊1是本星系群的一员。实际上，该星系距离地球900万光年，刚好超出了本星系群的边界。在天空中，这个大质量椭圆星系位于仙后座中的银河密集区，这意味着它被严重遮挡。它如果远离银河会显得更明亮。

底图　马费伊2：本星系群的另一个"冒名者"

　　马费伊1和马费伊2由意大利天文学家保罗·马费伊于1968年发现，它们都受到了银河系恒星、气体和尘埃的严重遮挡。就像它的兄弟星系一样，中间旋涡星系马费伊2曾一度被认为是本星系群的成员，但现在已经知道它距离地球980万光年，刚好位于本星系群之外。

前页图 **神奇的正向旋涡星系IC 342**

距离地球1 100万光年的IC 342是一个较近的星系，它和其他几个星系同属于一个稀疏的星系群。IC 342位于鹿豹座，在天空中靠近银道面，表面亮度很低，即它的平均亮度来自单独的部分。因此，尽管它外形优雅，但天文爱好者并不容易观测到它。

本页图 **壮丽的星系对——M81和M82**

春季夜空中最明亮的2个星系M81（左）和M82彼此相距并不远，正在发生引力相互作用。有时，M81被称为波得星系，M82被称为雪茄星系。

对页图 **大熊座中美丽的旋涡星系M81**

作为北天区最明亮的星系之一，位于大熊座的M81距离地球1 200万光年，它拥有一个明亮、活跃的核心和点缀着微小粉色恒星形成区的闪亮旋臂。该星系中心隐藏着一个7000万倍于太阳质量的超大质量黑洞。

对页图 半人马A的外部壳层

半人马A（NGC 5128）是一个明亮的南天星系，位于闪亮的半人马座，得名于强射电源的性质。天文学家发现，这个巨大的球形星系是很久以前2个星系正面碰撞并合的产物，因此，它能为银河仙女星系将来的样子提供线索。半人马A周围暗蓝色的壳层是之前发生并合后的湍流。该星系距离地球约1 300万光年。

本页图 X射线下的M82中心

M82是一个星暴星系，中心有一个强劲且活跃的黑洞。钱德拉X射线天文台拍摄的这幅X射线深度图像显示了M82中心附近的恒星爆发式形成，其新生恒星的形成率是银河系的数百倍。

本页图　南风车星系

　　华丽的棒旋星系M83位于南天的长蛇座，常被称为南风车星系。它的整体形状类似于银河系，但要小得多，直径只有60 000光年。

对页图　松卷棒旋星系NGC 925

　　不寻常的棒旋星系NGC 925位于三角座，在天空中距离三角星系M33不远。这个高度倾斜的棒旋星系具有一个散布着一些恒星形成区的星系盘，距离地球约3 000万光年。它隶属于NGC 1023星系群，后者是一个拥有至少5个重要成员的小型星系群。

美丽的正向棒旋星系M83

　　长蛇座中的M83常被称为与银河系结构相似的星系，是南天最美丽的星系之一。由于距离地球仅1 500万光年，该星系展现出了惊人的细节，包括粉色的氢云区和恒星形成区团块。M83直径约55 000光年，大致是银河系的一半。它优美的外形令其得名"南风车星系"。

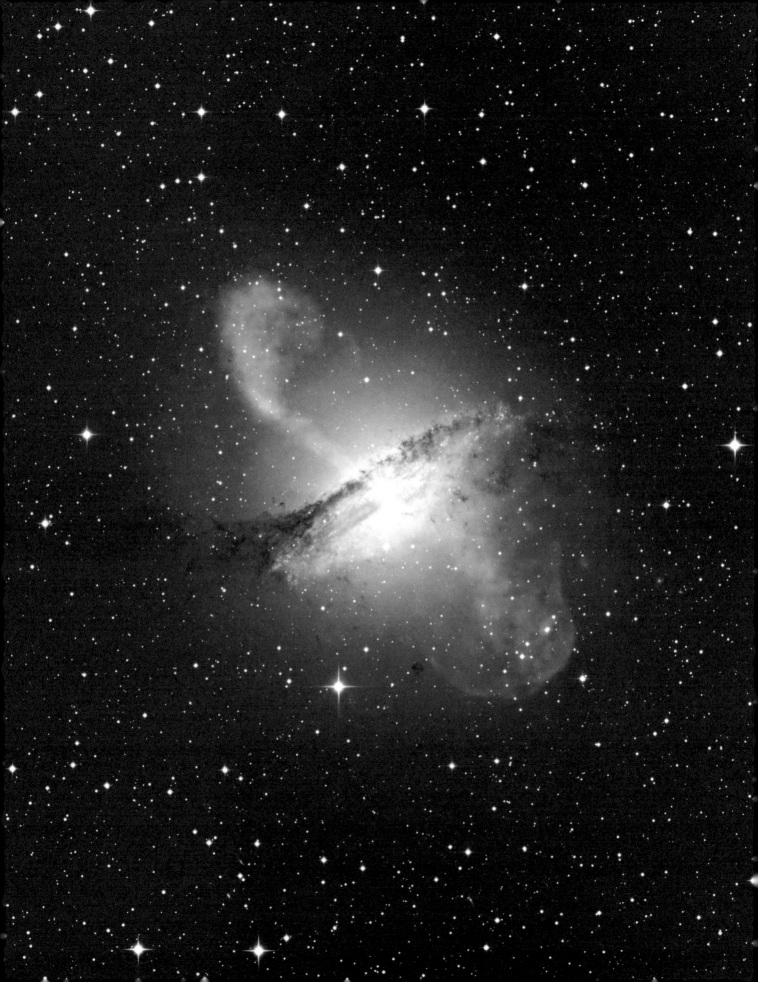

对页图 半人马A的宇宙动荡

　　怪异的南天星系半人马A（NGC 5128）是星系完全并合的典型案例。之前两个星系的碰撞、并合形成了这个混乱的高能球形星系，引发了新一轮激烈的恒星形成。这幅来自钱德拉X射线天文台的图像让人重新审视了星系黑洞的力量。左上角橙色的射电喷流由智利的阿塔卡马探路者实验望远镜拍摄，蓝色的X射线数据则来自钱德拉X射线天文台。

右图 NGC 4650A：一个极环星系

　　半人马座中的暗星系NGC 4650A是一个奇怪的极环星系。它拥有一个经过其两极并绕它转动的物质环。该星系的主体是一个透镜状的天体。这个极环与星系成直角，被认为是由一次古老的撞击所导致的。这个奇怪的天体距离地球约1.3亿光年。

背页图 NGC 2623：星系的"车祸现场"

　　巨蟹座中高度扭曲的星系NGC 2623距离地球约2.5亿光年，它展示了银河系和仙女星系的结局。它是两个现已面目全非的星系完全并合的产物，呈球形，外加扭曲的潮汐瓦解尾。这些弧线形的潮汐尾延伸超过50 000光年，含有许多高温的年轻星团。

177

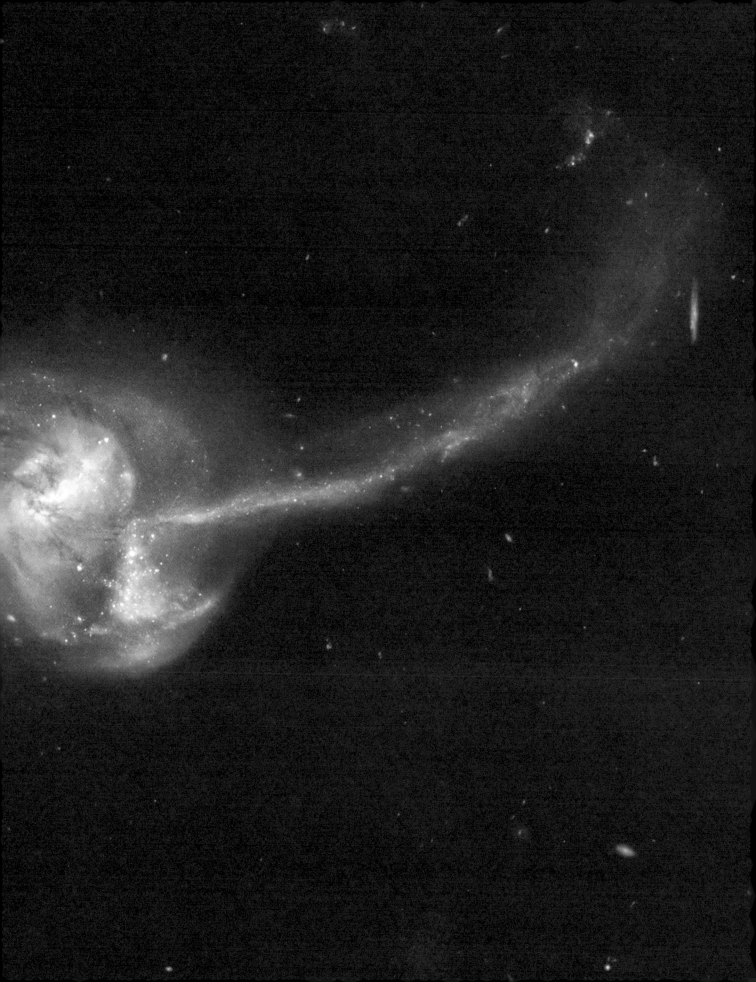

NGC 5544和NGC 5545：被"装订"在一起的星系

牧夫座中的相互作用星系对NGC 5544和NGC 5545看起来就像被放在纸上并装订在一起。NGC 5544是右侧明亮的正向棒旋星系，其较暗的伴星系则径直插入该较大星系的一侧。这些星系距离我们1.4亿光年，让我们能一瞥未来银河系和仙女星系并合早期阶段可能的样子。

优雅的相互作用星系群：斯蒂芬五重星系

位于飞马座的斯蒂芬五重星系距离地球超过2亿光年，是天空中最著名的相互作用星系群之一。但是其中有一个冒名者：最明亮的星系NGC 7320（右侧）距离地球仅3 900万光年，被叠加到了其他更遥远的星系上。其他成员星系为NGC 7319（在NGC 7320左侧）、NGC 7318A、NGC 7318B（在NGC 7320上方）、NGC 7317（右上）和NGC 7320C（左下）。

最美星系之一：涡状星系

　　另一个靠近北天中北斗七星的星系是猎犬座中的涡状星系，也称M51，是天空中最美丽的天体之一。这是一对相互作用星系，涡状星系M51正在被一个小型的窜入星系NGC 5195掠过，后者正在将物质从该较大星系的旋臂中拽出。这对星系距离我们2 300万光年，M51星系盘的直径为60 000光年。

对页图　**触须星系：未来银河系的模样？**

　　位于乌鸦座、距离地球7 000万光年的NGC 4038和NGC 4039统称为触须星系，是一对相互作用天体。这类两个星系中心合二为一的杂乱物质，预示了随着仙女星系不断靠近银河系，这两个星系将来的模样。触须星系间的碰撞是始于不到10亿年前。

本页图　**触须星系优雅相拥**

　　大型天文爱好者望远镜所拍摄的这幅乌鸦座中触须星系NGC 4038和NGC 4039的照片展示了它们引人注目的外观。该畸变星系的壳状主体易于被观测到，暗弱潮汐尾的优美弧线则需要通过拍照才能看到。

涡状星系的窜入星系：NGC 5195的特写

　　著名的猎犬座涡状星系（M51）几乎是所有天文爱好者最喜欢的天体之一。它是一个相互作用的系统，图中特写展示的是正经过它的小星系，小星系正在从涡状星系盘（图像右侧可见其边缘）中拽出物质。该系统距离地球约2 300万光年，这个小星系的复杂尘埃带和致密核心横跨约20 000光年。

NGC 2207和IC 2163：正面星系碰撞

　　大犬座中的这两个著名星系展示了一次大
型正面星系碰撞的早期阶段。左侧的NGC 2207
是一个具有弱环结构的棒旋星系，较小的棒旋
星系IC 2163最终会与这个较大的星系完全并
合。这两个壮丽的天体相距8 000万光年。

本页图　光彩夺目的风车星系

　　风车星系（M101）是大熊座中最明亮的星系之一，位于北斗七星附近。这个正向宏象旋涡星系距离地球2 100万光年，相较于银河系，它是一个庞然大物。它的直径超过170 000光年，包含1万亿颗恒星。

对页图　深度曝光揭示仙女星系的晕族星

　　哈勃空间望远镜拍摄了这张超长时间曝光图像，展示了仙女星系的晕族星。天文学家借助这张图像推测这些恒星形成于60亿～80亿年前，比预期的更年轻。仙女星系的恒星在年龄上的这一差别表明仙女星系具有很长的并合历史，其间有年轻恒星混入了年老恒星中。

对页图 **M82：深受喜爱的爆发"雪茄星系"**

侧向星系M82是北天的一个奇观：毗邻大熊座中另一个明亮星系M81，后者易见于天文爱好者的望远镜中。M82距离地球1 200万光年，是一个星暴星系，正在经历一个大规模恒星形成的阶段，从其剧烈活动的核心向外喷射物质。来自近邻星系M81的引力导致了这一星暴事件。M81星系核中有一个超大质量黑洞。

本页图 **NGC 3370：宏象旋涡星系**

狮子座中这个壮观的旋涡星系距离地球1亿光年，拥有与银河系类似的宏象旋涡结构，具有突出而明确的旋臂。这张哈勃空间望远镜拍摄的图像使天文学家得以研究NGC 3370中的单颗恒星，从而精确测量距离，并了解这个星系的运转方式。

背页图 **NGC 4945：南天优雅的侧向旋涡星系**

南天半人马座中的旋涡星系NGC 4945几乎侧向对着我们的视线方向，其大小与银河系相当。这个特殊的星系是一个赛弗特星系，拥有高能的星系核，中心潜藏着一个正在高速喷射物质的活跃黑洞。

第五章

宇宙边缘的星系

✳ ✳ ✳

现在我们将开始了解宇宙到底有多大。回想一下我们想象中的宇宙飞船。它和光子一样以光速航行，穿越银盘要用时 100 000 年，从本星系群的一端到另一端则需要 1 000 万年。那么航行到室女星系团中心呢？需要超过 5 000 万年。下面考虑从一个星系团航行到另一个星系团，或者航行到可见最遥远星系所需的时间。即便以宇宙中最快的速度航行，这也要花几十亿年时间。使用天文爱好者望远镜就可以观测到几十亿光年外的星系和类星体。此时进入你眼睛的一些光子早在太阳和地球形成之前就已离开了发出它们的母星系。随着我们不断深入探索，沿途可以看见许多不寻

小知识

如今的宇宙包含约1 000亿个星系。宇宙早期可能包含超过1万亿个星系，许多小星系已经并合。

常的星系和星系群，展示了它们纷繁的类型。

要理解宇宙在甚大尺度上的大小，需要一些铺垫。在天空中可见的大多数恒星和星系都非常遥远，在不同的夜晚中无法分辨出它们位置的移动。它们都太过遥远，使得我们只能看到宇宙这部宏大宇宙电影中的一帧画面。因此，我们先去考虑一些对人类来说可能极为遥远、但从宇宙的角度看却非常近的事物。

天文学家将地球和太阳之间的距离定义为 1 个天文单位，把它想象成 1 厘米，在这个比例尺下，在几张首尾相接的纸上就能画下整个太阳系。从太阳到火星是 1.5 厘米，到木星是 5 厘米，到土星是 9.5 厘米，到天王星是 19 厘米，到海王星是 30 厘米。从太阳到冥王星及其冰质卫星是 40 厘米，在更远的地方还散布着许多小天体。但是在这个比例尺下，作为太阳系的物理外边界、拥有 2 万亿颗彗星的奥尔特云距离太阳 1 000 米，这比 10 个橄榄球场的周长之和还要长。同样，在这个比例尺下，月球作为人类涉足最远的天体，它到地球的距离远小于 1 厘米。

在这个比例尺下，即便是我们所在的太阳系也大得惊人，银河系更是大得无法想象。1 光年的长度超过了 63 000 个首尾相连的天文单位的总长，而银河系明亮银盘的直径则有 100 000 光年。梦想着坐火箭穿越银河系去拜访其他文明？算了吧，还是把星际旅行留在电影画面中吧。

通过计算宇宙在时间上的膨胀以及对宇宙学本质的认识，天文学家估计整个宇宙的直径至少有 930 亿光年。这看起来似乎不对，因为光速是任何物体所能运动的最快速度，并且宇宙的年龄为 138 亿年。但是，记住空间本身也在随时间膨胀这个事实。这里还有另一个问题。天文学家估计宇宙的大小为 930 亿光年，仅代表我们可观测到的部分。

宇宙暴胀和多重宇宙

20世纪80年代，美国物理学家艾伦·古思（Alan Guth）和俄裔美籍物理学家安德烈·林德（Andrei Linde）各自独立提出了关于早期宇宙的一个想法——暴胀理论的概念。简而言之，暴胀理论是指如果早期宇宙几乎在大爆炸后的瞬间发生暴胀，大小从一粒豌豆增大到一个垒球，那么天文学家由此可以很好地解释在后期宇宙中所观测到的一些现象。因此，大多数宇宙学家现在对暴胀理论充满信心，如果它真的成立，那么该理论的含意之一便是我们可观测的宇宙并非是整个宇宙。事实上，尽管听起来有违直觉，但宇宙甚至可能是无限大的。在我们自身所处的宇宙之外可能还存在其他宇宙，即多重宇宙。

宇宙有多大

要回答宇宙有多大这个问题，让我们从已知的可观测宇宙开始。在宇宙直径930亿光年的范围内，人类目前已经探索了自己所处的本星系群，距离我们数千万光年，近邻星系团和星系群，还有室女星系团以及室女超星系团，后者由大约100个星系群和星系团组成，直径约1.1亿光年。因此放眼望去，天文爱好者用小型望远镜所能观测到的一些最遥远星系，也仅仅是其冰山一角。室女超星系团的直径只有整个可观测宇宙的约千分之一。一些重要的近邻星系团包括了武仙星系团、飞马星系团和北冕星系团。

那么，室女超星系团外面到底有什么？宇宙的大部分区域，远远超出了我们从地球上可观测到的部分，一定充满了各种有趣和新奇的事物。你不这么认为吗？如果你也这样想，那就对了。

大尺度宇宙

天文学家在过去 10 年的发现已经澄清了宇宙在甚大尺度上的模糊图景。对宇宙的真正认识开始于 20 世纪 70 年代，当时天文学家推动了大型的巡天项目。比超星系团还要大的结构开始显现，天文学家称之为星系片、星系巨壁和星系纤维，它们是被巨洞或真空所分隔、蜿蜒于宇宙中的巨大超星系团区域。宇宙学家喜欢把宇宙的甚大尺度结构想象成一大团泡沫，其中的泡泡就是星系纤维，泡泡内部则是分隔星系的巨洞。你也可以把它想象成一张复杂的三维蜘蛛网，其中蛛丝代表星系纤维，蛛网上的空腔则是分隔星系的巨洞。

从 20 世纪 80 年代开始，对大量星系的持续观测极大丰富了人类对大尺度宇宙的认识。布伦特·塔利及其合作者勘测了双鱼-鲸鱼超星系团复合体，这道巨大的星系巨壁也囊括了室女超星系团（本星系群和银河系也包含在内）。几乎同时，天文学家在近域宇宙中发现了一个巨大的空腔，称其为大巨洞。

遥远星系团

在室女超星系团之外还有大量的星系团和超星系团，可能总共约有 1 000 万个超星系团。这些数据仍然是在可观测宇宙范围内。整体而言，天文学家把宏观尺度上的这个宇宙称为宇宙大尺度结构。望远镜就是时光机；观测遥远的天体，就相当于回溯它们久远的样子。自 2012 年起，

小知识

已知的最活跃星系是 EQ J1000054+023435，有时被称为婴儿潮星系，距离地球122亿光年。它每年形成4 000颗新恒星，相比之下，银河系每年只形成10颗新恒星。

大爆炸

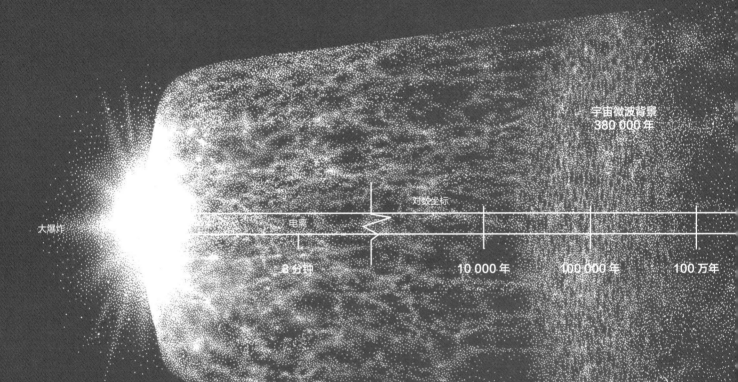

宇宙微波背景
380 000 年

对数坐标

电离

大爆炸

8 分钟

10 000 年

100 000 年

100 万年

天文学家认为，当第一代恒星和星系发出辐射时，会将氢原子（1个质子和1个电子）变成氢离子（1个质子，没有电子），就此开启了持续，上亿年的再电离时期，从此开始了星系时代。在这幅图中，再向右移动，我们就到了今天。

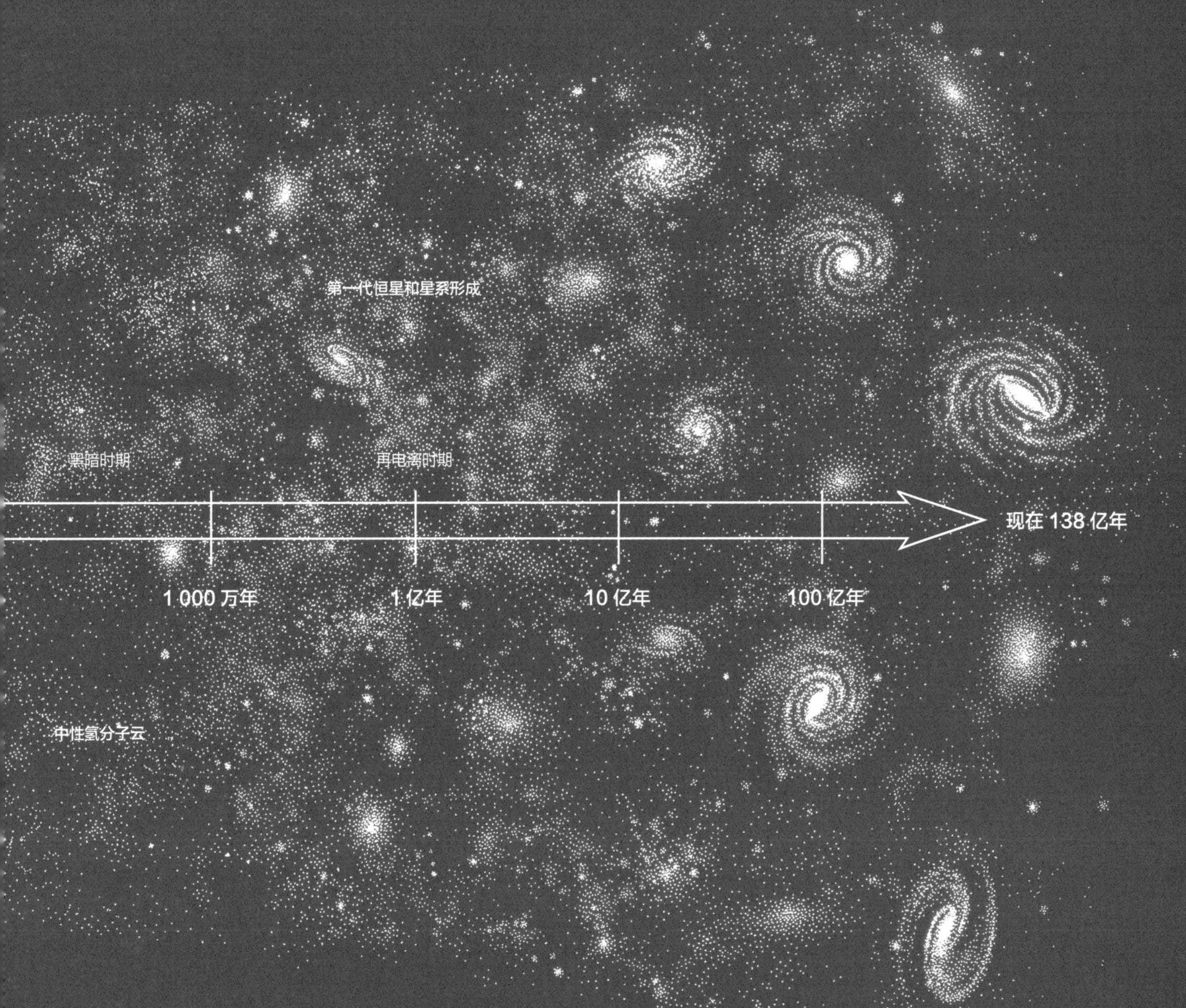

第一代恒星和星系形成

黑暗时期　　　　　再电离时期

1 000 万年　　　　1 亿年　　　　10 亿年　　　　100 亿年

现在 138 亿年

中性氢分子云

天文学家开始研究哈勃极深场，它是天炉座中一片被长时间曝光的天区，用来对极其遥远的星系进行成像。在其中可以看见蓝色且原始的原初星系，它们形成于132亿年前（距大爆炸仅6亿年）。以这些原始的星系作为"幼苗"，随着时间推移，它们在引力作用下聚集到一起，形成了如今的普通星系。相比之下，已知最遥远的成熟星系团 CL J1449+0856 的距离我们超过了 310 亿光年。

一些星系团和超星系团对于帮助天文学家认识暗物质本质是非常重要的"实验室"，不可见的暗物质占据了宇宙空间的很大一部分。它们包括星系团艾贝尔 520、子弹星系团、蜻蜓 44、大个子星系团、星系团 MACS J1206.2-0847 和潘多拉星系团。

星系巨壁

在过去的 10 年里，天文学家探测了一系列相对较近的超星系团。它们包括后发超星系团（2 000 万光年远）、英仙-双鱼超星系团（1 亿光年远）、武仙超星系团（3.3 亿光年远）和沙普利超星系团（4 亿光年远）。沙普利超星系团在天空中位于半人马座方向，拥有近域宇宙中最高的星系聚集度。美国天文学家哈洛·沙普利在 1930 年首次报告了这一区域遥远星系数量的异常；几十年后，天文学家认识到这个区域拥有一个超星系团，并以这位伟大天文学家的名字为其命名。

在过去的 10 年中，近域宇宙的图景开始浮现。20 世纪 80 年代末，成员包括玛格丽特·盖勒（Margaret Geller）和约翰·亨奇拉（John Huchra）在内的美国哈佛-史密松天体物理中心的一个天文学家团队发现了星系巨壁，这是一个长 5 亿光年、宽 2 亿光年、厚 1 500 万光年的巨型星系片。始于 2000 年的重要巡天项目斯隆数字化巡天在 2003 年发现了另一个巨型结构，即斯隆星系巨壁。这项发现由美国天文学家 J. 理查德·戈特（J. Richard Gott）及其合作者公布，盖勒和亨奇拉也是参与者，斯隆星系巨壁长 14 亿光年，大小至少是盖勒和亨奇拉所公布的第一个巨壁的 2 倍。

拉尼亚凯亚

巨引源

始于 20 世纪 70 年代的巡天有一个很有意思的发现，即在宇宙膨胀中存在异常现象。经过多次观测，天文学家注意到似乎有某个大质量天体在拉拽近域宇宙，把我们所在的银河系和附近的星系拖向南天的南三角座和矩尺座方向。这困扰了天文学家很长时间，天文学家甚至把这一引力异常称为"巨引源"。这个在吸引我们的星系团距离地球约 2 亿光年。

在过去的 20 年，对巨引源的认识变得更加复杂。天文学家使用先进的 X 射线望远镜进行观测，这加深了有关巨引源对我们影响的认识，降低了其重要性。确实有一团星系在这个方向上对我们施加引力，但是其影响并没有天文学家最初认为的那么显著。天文学家如今认为，我们近邻的星系正在被拉向比巨引源尺度更大、质量更大且距离更远的沙普利超星系团。天文学家还发现，我们所处的近域宇宙其实属于一个最近几年才被发现的超星系团。

小知识

星系 ESO 137-001 位于南三角座，距离地球 2.2 亿光年，它的一条长长的潮汐尾有着在星系主体之外最高的恒星形成率。

意外的发现：拉尼亚凯亚

2014 年，布伦特·塔利及其团队再一次刷新了人类对近域宇宙的认知。通过以比此前更精湛的方式认识星系的相对运动，以及对近域结构进行比以往更彻底的勘测，塔利团队发现了一个新的超星系团——拉尼亚凯亚超星系团，得名于夏威夷语"无边无际的天堂"。拉尼亚凯亚超星系团有时被称为本超星系团，囊括了宇宙中最靠近我们的约 100 000 个星系，其中也包括本星系群和银河系。尽管这个巨大的星系团正整体在太空中穿行，但并非所有的星系都被引力束缚在其中。

最终，拉尼亚凯亚中至少有一部分将会脱离该星系团。

天文学家认为拉尼亚凯亚的总直径约为 5.2 亿光年。它包含了与 100 000 个银河系相当的质量，有 4 个主要组成部分：室女超星系团，包含天空中几乎所有明亮的星系，其中包括本星系群和银河系；长蛇-半人马超星系团，包含巨引源、长蛇超星系团（或唧筒壁）和半人马超星系团；孔雀-印第安超星系团和南超星系团。

遥远的超星系团

我们在前文已经比较详细地了解了室女超星系团。其他的超星系团呢？在近域宇宙中，拉尼亚凯亚周围有其他几个超星系团——沙普利超星系团、武仙超星系团、后发超星系团和英仙-双鱼超星系团。这些结构中的每一个都含有几百个星系团和星系群，并由宇宙的网状结构连接在一起，被巨洞分隔开。星系以群、链和纤维结构的形式存在，在没有星系的地方，只有广阔的空间，即惊人的黑暗深渊。

星系团还提供了一条观测其后方极遥远天体的途径。它们的引力充当透镜的角色，汇聚非常遥远的星系和类星体发出的光线，形成可供研究的像或弧，例如艾贝尔 1689、柴郡猫、SDSS J1531+3414 和 MACS J1149.6+2223。

小知识

除了星系 GN-z11 之外，最遥远的星系还有 MACS 1149 JD（距离地球 133 亿光年）、EGSY8p7（距离地球 132 亿光年）和 EGS-zs8-1（距离地球 131 亿光年）。

宇宙中最大的结构

所有对极大尺度宇宙的想象促使天文学家重新思考物质在宇宙中的组织方式。在相对小的尺度上，物质先组成恒星，恒星再组成星系。在越来越大的尺度上，人类已经观测到星系组成星系群、星系团、超星系团、巨壁、片状结构和纤维结构。在大型星系巡天最初兴起的年代，天文学家认为超星系团是现存的最大结构。然而，到20世纪80年代初，天文学家开始发现存在甚至更大结构的证据。起初，大类星体群让天文学家颇感困惑。1982年，天文学家阿德里安·韦伯斯特（Adrian Webster）发现了横跨3.3亿光年的一组共5个类星体，后被称为韦伯斯特大类星体群。如前文所述，类星体是年轻星系的高能核心，由中心超大质量黑洞驱动而异常活跃。

现在，已知的大类星体群有将近20个，它们被认为是宇宙中最大的结构之一。巨型大类星体群发现于2013年，在直径40亿光年的范围内包含73个类星体。

克洛斯-坎普萨诺大类星体群在一个长约20亿光年的结构中包含了34个类星体，它由英国天文学家罗杰·克洛斯（Roger Clowes）和智利天文学家路易斯·坎普萨诺（Luis Campusano）于1991年发现，该巨型结构位于狮子座，距离地球95亿光年，距离巨型大类星体群并不远。这两个结构可能是相关的。

另一个大类星体群U1.11则更大。它位于狮子座和室女座，这个奇怪的类星体群在长22亿光年的区域内包含了38个类星体。年轻高能星系正发出大量辐射成为类星体且成群聚集在该区域中，这表明诸如U1.11这样的大类星体群是星系纤维结构形成的信号。

大类星体群起初让天文学家颇感困惑。

巨型大类星体群不仅拓宽了天文学家的认识，还在他们之间引发了一些争议。在其直径约 40 亿光年的结构中包含了约 73 个类星体，巨型超大类星体群似乎是大尺度宇宙中的一个巨大结构。克洛斯在 2013 年报告了这一发现，随后几年，其他许多天文学家对该结构进行了研究。奇怪的是，克洛斯表示巨型大类星体群似乎违反了宇宙学原理，即宇宙在甚大尺度上是均匀的，或者是相对平滑且一致的。这一结构中的团块性挑战了这一概念，不过天文学家就其定义和它是否真正违反原理尚有争论。一些天文学家也对该结构的存在性提出了质疑，但是克洛斯和其他天文学家为其存在性提供了进一步的证据。

小知识

本质上最暗的已知星系为牧夫 I 或牧夫矮星系，它的光度只相当于 10 万个太阳。

武仙－北冕巨壁

2013 年末，一个由美国和匈牙利天文学家组成的团队因探测到某一特定天区中的 γ 射线暴发现了武仙-北冕巨壁，这一巨大的结构有时也称为 γ 射线暴巨壁。γ 射线暴是在遥远星系中所观测到的极高能事件，可能源自大质量恒星死亡时的超新星或极超新星爆发。这些快速自转的垂死恒星会形成中子星、夸克星或黑洞，在死亡时会产生惊人的能量爆发。天文学家在一个特定天区中观测到的爆发数远超统计后的预测数，表明存在这样一个长达 100 亿光年的富星系结构。

如果武仙-北冕巨壁真的存在，那么它将是宇宙中已知的最大结构。其他的大型结构则为整个宇宙提供了不寻常的认知。布伦特·塔利在 1987 年发现了双鱼-鲸鱼超星系团复合体，帮助理清了它所包含的室女超星系团及其周围的大尺度结构。双鱼-鲸鱼超星系团复合体是一个长约 10 亿光年、宽约 1.5 亿光年的巨大星系纤维结构，包含约 60 个星系团。该复合体拥有 5 个主要部分：双鱼-鲸鱼超星系团、英仙-飞马链、飞马-双鱼链、玉夫区域（包含玉夫超星系团和武仙超星系团）和拉尼亚凯亚超星系团［包含室女超星系团（还有我们！）和长蛇-半人马超星系团］。

许多这些大尺度结构中都包含天文学家刚开始了解的奇怪天体类型。这些天体包括 γ 射线暴、双类星体、畸变潮汐尾、抛射恒星的星系和极暗弱的星系。

宇宙实在太大了，令人捉摸不透。人类对太阳系的尺度有很清晰的认知：我们在纸上就可以测量出太阳和行星的距离，甚至还可以清晰地构想远在奥尔特云处的遥远太阳系物理边界。类似地，可以很容易地想象我们所在银河系的大小。

> 如果武仙 - 北冕巨壁真的存在，那么它将是宇宙中已知的最大结构。

但是把宇宙的尺度放大到我们周围的星系、室女星系团、我们所在的超星系团，甚至到更远的地方，就会冲击人类认知。一方面，宇宙的宏大让我们感觉自己微不足道，在宇宙渺小一隅的地球上度过短暂的一生。然而另一方面，我们由宇宙中的物质组成，并且具有感知能力，我们可以思考，遥望星辰，思考这一切的意义，这赋予了我们难以置信的惊人力量。

黑洞：宇宙中无处不在

黑洞看上去到底是什么样？根据推测，黑洞至少有大小之别。像天鹅 X-1 这样的恒星质量黑洞的质量约为太阳的 5 倍以上。然而，它们依然很小，直径只有约 20 千米，当然呈黑色。它们实在太小了，在从太阳到距离其最近的恒星的 4 光年范围内，除非一个恒星质量黑洞与其伴星相互作用，显现出畸变效应，否则它无法被探测到。在银河系内，天文学家已知的恒星质量黑洞约有 20 个，无疑还存在很多其他的黑洞。

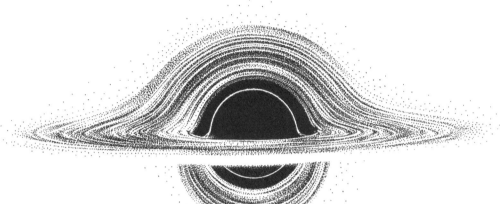

该模型模拟了黑洞吸积盘的真实模样，其中包含了光线偏折的相对论效应。

恒星质量黑洞可分为几类。所有的恒星质量黑洞都会把物质吸引到它们致密的中心，将它们与宇宙隔绝。一些黑洞会自转，其他的则不会。施瓦西（Schwarzschild）黑洞是静态的，没有自转，也不具有电场。这类黑洞以德国物理学家、天文学家卡尔（Karl）·施瓦西之名命名，他是爱因斯坦的朋友，曾研究广义相对论，在第一次世界大战中不幸英年早逝。与史瓦西黑洞之形成对比，克尔黑洞具有自转，并可以带有电荷。这类黑洞以新西兰数学家、广义相对论学者罗伊·克尔（Roy Kerr）之名命名。不自转、但有电场的黑洞被称为赖斯纳-努德斯特伦（Reissner-Nordström）黑洞，以研究此类黑洞的德国和芬兰物理学家之名命名。

小知识

拥有目前已知的最大质量黑洞的星系是TON 618，这个类星体位于猎犬座，距离地球32亿光年。其中心黑洞的质量是太阳的660亿倍。

应该还存在比恒星质量黑洞还小的黑洞，如迷你黑洞和微黑洞。例如，若要地球变成黑洞，需要把它压缩到葡萄粒大小。也应该存在质量介于恒星质量黑洞与超大质量黑洞之间的中等质量黑洞，它们的质量是太阳质量的 100 ~ 1 000 000 倍。主宰星系中心的则是超大质量黑洞。

超大质量黑洞的质量从几十万到几十亿个太阳质量不等，但是它们的大小却与太阳系相当。它们同样可能具有自转和电场。基于对星系中心周围天体运动的动力学建模，天文学家约翰·克尔门迪（John Kormendy）和何子山（Luis C. Ho）在 2013 年的一项重要研究中列出了 85 个具有中心超大质量黑洞证据的星系。使用这些数据，他们发现了中心黑洞质量和宿主星系核球（星系核周围最亮的区域）之间存在相关性。他们认为，星系中心黑洞及其核球随着星系的演化一起生长，核球吸收了一些没有掉入黑洞、反被黑洞抛射出来的物质。

超大质量黑洞由于比恒星质量黑洞大得多，其活动的时间也长得多。我们现在所见的宇宙中黑洞的"快照"会随着时间发生变化。当有物质落入时，许多超大质量黑洞会经历一段短暂而剧烈的活动期，之后它们会长时间休眠。只有在恰当的时间才能看见它们的活动。我们在许多星系中都可以看到这一现象，如 M74、M82、NGC 1032 和 NGC 6240。

黑洞的各个部分揭示了这些奇特的天体是如何运转的。黑洞的中心是"奇点"，在那里，物质无限致密、时空无限弯曲。人类熟悉的物理学在奇点处不再适用。任何落入奇点的东西都会被粉碎，并被加入黑洞的质量中。在到达奇点之前，还有一个事件视界——时空的边界，超过这个边界，落入黑洞的光和物质就无法逃脱。

自转黑洞还有一个能层，该区域就在黑洞之外，在能层中会出现参考架拖曳效应，能以超过光速的速度拖拽时空。如果你接近一个自转黑洞，并不会看见

小知识

在天文爱好者可观测到的所有星系中，拥有最大质量黑洞的是后发星系团中的星系NGC 4889。其超大质量黑洞的质量是太阳的200亿倍。

该效应，但它会扭曲黑洞周围的时空，使其就像碗中被打浆机搅动的蛋糕糊一样。"能层"一词源于希腊语"Ergon"，意为"功"，因为可以从这一区域提取能量和质量。在黑洞和能层外面是光球，光子在这个区域内会以不稳定圆轨道而非通常的直线绕黑洞运动，这会形成一个勾勒出黑洞轮廓的"阴影"。

再往外，黑洞的周围会形成吸积盘。吸积盘由一个全向晕中的物质组成，这些物质会盘旋环绕并逐渐落入黑洞。黑洞可以以接近光速的速度抛射或从其两极喷出物质喷流。

在科幻小说中，最重要的问题之一是如果你掉进黑洞会发生什么。这个问题的答案取决于谈论的是哪一种黑洞。越小的黑洞实际上越致命。如果你落入一个10倍于太阳质量的黑洞的事件视界，纵向你会被拉伸，横向你会被挤压，然后被拉长成一串粒子，俗称"意大利面化"。这对你一点好处也没有，意味着你的故事就此结束了。

如果你掉入一个黑洞，会发生什么？答案取决于是哪一种黑洞。

小知识

2019年，天文学家完成了对星系M87中心黑洞周围辐射的成像，该黑洞的质量为太阳的60亿倍。

然而，如果你掉进一个星系中心的超大质量黑洞，在理论上情况就会有所不同。100万倍于太阳质量的黑洞的引力十分不同，它们会允许你安全地到达事件视界。事实上，你或许都不知道你已经穿过了事件视界，在外面观察你的同伴也不会发现你已经穿了过去。他们会看到你慢了下来并悬浮在事件视界外面，你会变得越来越暗、越来越红，直到你在他们的视野中消失。但就此你会和同伴永别，最终在奇点处被粉碎。

如今，对驱动星系的黑洞引擎的探测进入了全新阶段。用基普·索恩的话说，相撞的黑洞是"宇宙中最明亮的天体——但不发光！"。他的意思是，在一场星系级的"战斗"中，2个黑洞会被强大的引力相互吸引而碰撞，在它们并合时

时间旅行的概念

在美国理论物理学家约翰·阿奇博尔德·惠勒（John Archibald Wheeler）提出虫洞一词后，穿越黑洞的浪漫旅行很快便从学术探讨的主题转变成科幻小说的重要内容。在这类小说中，一些黑洞被设想为可以提供临时"隧道"，允许人们从宇宙中的一个时间和地点快速旅行到另一个时间和地点，惠勒开启了一个很有趣的话题。

但是史蒂芬·霍金提醒我们，时间旅行实际上可能行不通。"每当有人试图创造时光机时，"霍金写道，"无论你尝试使用哪一种设备（虫洞、自转圆柱面、宇宙弦等等），就在这一装置成为时间机器之前，会有一束真空涨落流过该装置将其摧毁。"

星系马卡良 231

具有双黑洞的类星体

类星体所发出的光非常强烈，它们正在向外发射大量源自黑洞吸积盘的辐射。距离地球最近的类星体是马卡良231，该星系位于大熊座，距离地球5.8亿光年。这幅图展示了位于马卡良231中心的双黑洞，它们形成了甜甜圈状的吸积盘。

则会释放出大量引力波，这些时空曲率的涟漪会穿越宇宙并被特殊的设备探测到。

1992 年，索恩及其同事建立了激光干涉引力波天文台（LIGO），由两个干涉仪组成，分别位于美国华盛顿州汉福德和路易斯安那州利文斯顿。这个被设计用来探测引力波的实验在 2016 年初取得了历史性的成功，激光干涉引力波天文台的科学家宣布首次探测到了由双黑洞碰撞发出的引力波。这是一个重大事件，也是对爱因斯坦广义相对论和黑洞预言正确性的又一次确认。

实际的探测发生在 2015 年 9 月，当时 2 个遥远黑洞并合时所发出的引力波扫过了地球。这 2 个黑洞的质量分别约为太阳的 36 倍和 29 倍，距离地球约 13 亿光年。探测到的啁啾信号持续了 0.2 秒。在此之后，激光干涉引力波天文台探测到了更多引力波，毫无疑问将来还会有其他引力波信号相继被探测到。

很长时间内，人们对黑洞的猜想在不断演化。当笔者于 1982 年入职《天文学》杂志时，黑洞基本上是一个谣言。早在 20 世纪 70 年代初，人们就假设并相信存在黑洞，但直到 1990 年才获得了确凿的证据。到 20 世纪 90 年代末，天文学家不仅开始意识到黑洞作为驱动大多数星系的"中心引擎"广泛存在，也开始认识到星系的活动在宇宙早期会更加剧烈和强劲，他们开始看到星系在几十亿年的宇宙历史中所展现出的运转模式。他们发现，就像人类一样，随着时间的推进，星系也会演化，以重要且戏剧性的方式改变自己的性质。

对页图　ARP 248：怀尔德三合星系的遥远光芒

这一由3个暗弱星系组成的星系群位于室女座，距离地球2.25亿光年，呈现了一场漫长的宇宙之舞的一格静止画面。其中最亮星系的潮汐尾形成了一座连接另外2个星系盘边缘的桥梁。

本页图　ESO 243‐49及其超高光度X射线源

奇怪的侧向星系ESO 243‐49位于凤凰座，距离地球2.9亿光年。天文学家在该星系中发现了超高光度X射线源HLX‐1（用圆圈标注），他们认为这是不同寻常的中等质量黑洞的强有力候选体。该天体的X射线强度和光谱表明，在这个黑洞周围有一个直径约250光年、由年轻高温蓝星组成的星团。这个黑洞的质量在100～100 000个太阳质量之间。

顶图 **由黑洞驱动的巨型星系**

　　巨椭圆星系A2261–BCG位于星系团艾贝尔2261的中心，艾贝尔2261位于武仙座，距离地球30亿光年。该星系拥有迄今观测到的最大星系核心区，直径约10 000光年，它由一对超大质量黑洞驱动，这对黑洞可能激起了该星系中心区域的恒星形成。

底图 **AM 0644‑741：拥有环的星系"车祸现场"**

　　AM 0644‑741是一个非常奇怪的星系，位于南天的飞鱼座，距离地球3亿光年。它是典型的极环星系，即一个高速窜入天体（图中不可见）从正面击穿了该星系，使之成为宇宙中的"车祸现场"。这一碰撞形成了由蓝星和气体组成、环绕着内部黄色核心的一个环，该环的直径为130 000光年，比银河系的直径还要大。

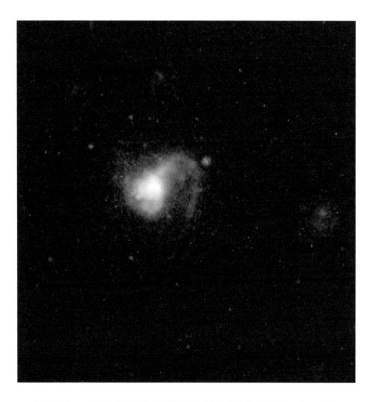

前页图　散布在小麦哲伦云中的幼年恒星

　　在这张由哈勃空间望远镜拍摄的小麦哲伦云部分区域的照片中，一团蓝色的星云气体包裹着正在形成的胚胎恒星。该星云名为NGC 346，是小麦哲伦云中最亮的星云，由引力坍缩的气体云组成。

对页图　天炉A：宇宙尘球

　　特殊的畸变星系NGC 1316因是射电源，也被称为天炉A，它是一个极度混乱的棒旋星系，看上去更像椭圆星系。该星系似乎是经30亿年前的反复并合而形成的。其强烈的射电辐射来自强大的中心黑洞。通过围绕该星系的尘埃带可足见其中的破坏力。天炉A距离地球6 200万光年。

顶图　一个微小星系的诞生

　　这张微小矮星系POX 186的照片充分展现了哈勃空间望远镜的强大威力，该星系位于室女座，距离地球6 900万光年。这个不寻常的天体是一个蓝致密矮星系，是一个具有高温蓝星和微小直径的特殊星系类型。POX 186的直径仅900光年，不到银河系的1%。这个星系非常年轻，目前处于形成阶段，这表明一些较晚诞生的小型星系可能是宇宙历史中最后形成的一批星系。

底图　一个发射强劲喷流的旋涡星系

　　几乎所有的巨椭圆星系都拥有无比强大的中心黑洞并从其中心向外发射喷流。天文学家使用哈勃空间望远镜拍摄了旋涡星系0313－192的图像，它也正在发射强劲的喷流。这个星系位于波江座，距离地球10亿光年，为天文学家提供了一类可供研究的新天体。

对页图 大麦哲伦云中的恒星形成区

　　大麦哲伦云是一个距离地球16.3万光年的银河系伴星系，LH 95是其中一片充满涡流气体和尘埃的区域。一片蓝色气体笼罩着质量大大小小的新生恒星。

本页图 NGC 4214：一个恒星和气体闪闪发光的矮星系

　　位于猎犬座的不规则矮星系NGC 4214距离地球仅1 000万光年，因此足以观测到其中的丰富细节。就像是一个更大、更亮的小麦哲伦云，它含有大量的明亮粉色气体云、耀眼的蓝星团和其他表明新一轮恒星形成的证据。

本页图 3C 321：含有强大黑洞的相互作用星系

　　交织在一起的星系系统3C 321是一个射电辐射源，位于巨蛇座，距离地球12亿光年。从该星系系统射出的惊人喷流（在图中为蓝色）源自一个超大质量黑洞。该系统内的星系间距为20 000光年，喷流在太空中则沿伸到了更远的地方。

对页图 星系"玫瑰"Arp 273

　　Arp 273得名自霍尔顿·阿尔普的相互作用星系星表，由一对引力锁定的星系组成，位于仙女座，距离地球3亿光年。位于上方、较大且具有优雅舒展旋臂的是旋涡星系UGC 1810，它的星系盘已被下方侧向星系UGC 1813的引力扭曲成了玫瑰花的形状。

起舞的星系产生新一轮星暴

　　希克森31星系群由4个矮星系组成，距离地球1.66亿光年。该星系群向我们展现了数个星系间相互作用产生新的高温蓝星团的情景。

本页图　积分号星系的奇特扭曲外形

　　严重扭曲的星系UGC 3697被称为积分号星系，位于鹿豹座，距离地球1.5亿光年。天文学家认为，该星系异常扭曲的边缘是与近邻矮星系相互作用的结果。

背页图　哈勃所见的银心丰富细节

　　由在近红外波段拍摄的照片合成的这幅银心彩色图显示了银河系核心周围300光年区域内的大质量恒星和高温电离气体涡流。这幅有史以来最清晰的银心图像展现出直径为太阳系20倍的天体。

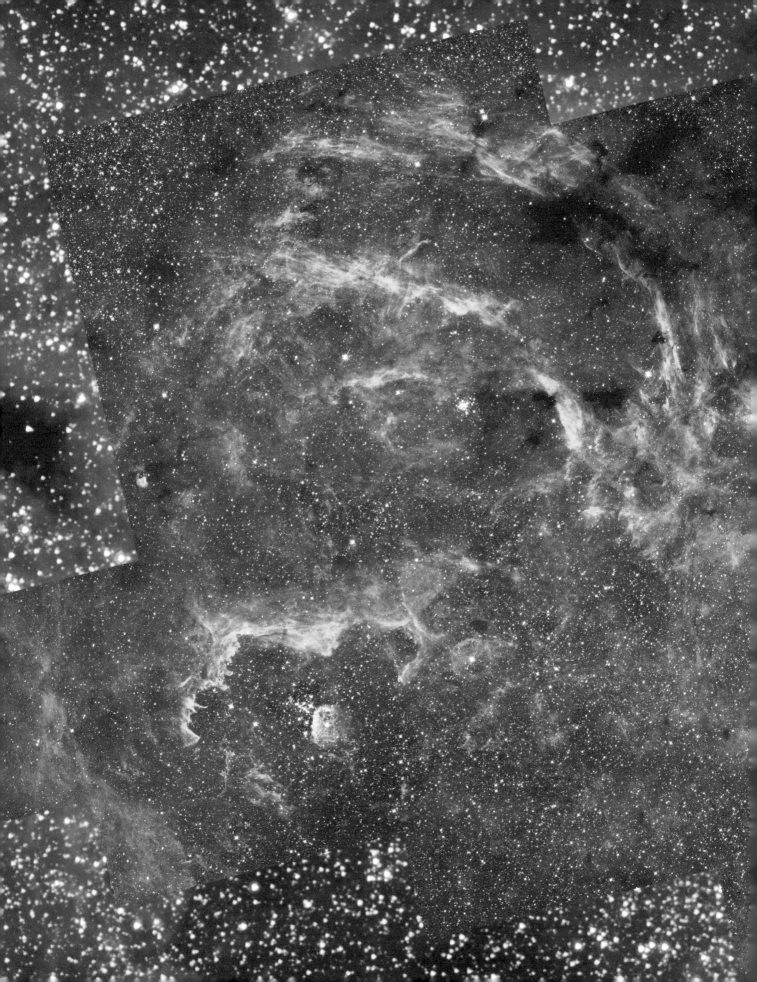

资　源

Alfaro, Emilio J., Enrique Pérez, and José Franco, eds. *How Does the Galaxy Work? A Galactic Tertulia with Don Cox and Ron Reynolds.* Boston: Kluwer Academic Publishers, 2004.

Appenzeller, Immo. *High-Redshift Galaxies: Light from the Early Universe.* New York: Springer-Verlag, 2009.

Arp, Halton. *Catalogue of Discordant Redshift Associations.* Montreal: Apeiron Montreal, 2003.

Quasars, Redshifts, and Controversies. Berkeley, Calif.: Interstellar Media, 1987.

Seeing Red: Redshifts, Cosmology, and Academic Science. Montreal: Apeiron Montreal, 1998.

Combes, Françoise. *Mysteries of Galaxy Formation.* New York: Springer-Verlag, 2010.

Ferris, Timothy. *Galaxies.* New York: Stewart, Tabori, and Chang, 1982.

Hodge, Paul. *Atlas of the Andromeda Galaxy.* Seattle, Wash.: University of Washington Press, 1981.

Galaxies. Cambridge, Mass.: Harvard University Press, 1986.

Hubble, Edwin. *The Realm of the Nebulae.* New Haven, Conn.: Yale University Press, 2013.

Jones, Mark H., Robert J. A. Lambourne, and Stephen Serjeant, eds. *An Introduction to Galaxies and Cosmology.* Second ed. New York: Cambridge University Press, 2015.

Keel, William C. *The Road to Galaxy Formation.* New York: Springer-Verlag, 2002.

Mackie, Glen. *The Multiwavelength Atlas of Galaxies.* New York: Cambridge University Press, 2011.

Mulchaey, John S., Alan Dressler, and Augustus Oemler, eds. *Clusters of Galaxies: Probes of Cosmological Structure and Galaxy Evolution.* New York: Cambridge University Press, 2004.

Peterson, Bradley M. *An Introduction to Active Galactic Nuclei.* New York: Cambridge University Press, 1997.

Sandage, Allan, Mary Sandage, and Jerome Kristian, cds. *Galaxies and the Universe.* Chicago: University of Chicago Press, 1975.

Saviane, I., V. D. Ivanov, and J. Borissova, eds. *Groups of Galaxies in the Nearby Universe.* New York: Springer-Verlag, 2007.

Schneider, Peter. *Extragalactic Astronomy and Cosmology: An Introduction.* New York: Springer-Verlag, 2006.

Schultz, David. *The Andromeda Galaxy and the Rise of Modern Astronomy.* New York: Springer-Verlag, 2012.

Sheehan, William, and Christopher J. Conselice. *Galactic Encounters: Our Majestic and Evolving Star-System, From the Big Bang to Time's End.* New York: Springer-Verlag, 2015.

Sparke, Linda, and John S. Gallagher. *Galaxies in the Universe: An Introduction.* New York: Cambridge University Press, 2000.

Struck, Curtis. *Galaxy Collisions: Forging New Worlds from Cosmic Crashes.* New York: Springer-Verlag, 2011.

Waller, William H. *The Milky Way: An Insider's Guide.* Princeton, N.J.: Princeton University Press, 2013.

Wray, James D. *The Color Atlas of Galaxies.* New York: Cambridge University Press, 1988.

致 谢

和任何一本书的出版过程一样，许多人在写作和编辑之外为本书贡献了他们的才华和建议。即便如此，我也应对本书负全部责任。在此，我想要向一些人表示感谢，本书因他们的慷慨贡献才得以完成。感谢我的家人林达·艾彻（Lynda Eicher）和克里斯·艾彻（Chris Eicher），他们自始至终都支持我写作这本书。克拉克森·波特（Clarkson Potter）出版社的优秀编辑安杰林·博尔希奇（Angelin Borsics）和詹尼·泽尔纳（Jenni Zellner），他们自出版计划的第一天就在帮助我完成本书。出版社其他成员的辛苦努力也确保了本书的出版：封面设计米娅·约翰逊（Mia Johnson）、插画制作伊雷妮·拉斯基（Irene Laschi）、责任编辑乔伊丝·翁（Joyce Wong）和制作经理菲尔·莱昂（Phil Leung）。我的经纪人珍妮弗·韦尔茨（Jennifer Weltz）和公司最初给我安排的经纪人劳拉·比亚吉（Laura Biagi）为我提供了相当多的意见和建议，很遗憾，劳拉因其他事情中途退出了。

非常感谢世界星系领域的著名学者、美国威斯康星大学的杰伊·加拉格尔（Jay Gallagher）为本书写了前言。我最早认识杰伊是在20世纪80年代，他当时还在洛厄尔天文台工作，在那之前他便已开始了对星系的研究。

我要感谢《天文学》杂志出版商、卡姆巴克（Kalmbach）传媒的几位朋友慷慨相助。迈克尔·巴基奇（Michael Bakich）帮助我整理和查找了他所收到的来自全世界天文爱好者的大量精彩照片，感谢史蒂夫·乔治（Steve George）和贝姬·兰（Becky Lang）允许我使用最初刊登在《天文学》杂志和《探索》杂志中的一些图表。

我还要感谢多位朋友给予我的鼓励、建议与专业知识，他们帮助我渡过了一段多个项目千头万绪的时期。这些朋友是理查德·道金斯（Richard Dawkins）、加里克·伊斯拉埃良（Garik Israelian）、布莱恩·梅（Brian May）、罗宾·里斯（Robin Rees）、布莱恩·斯基夫（Brian Skiff）和格伦·史密斯（Glenn Smith）。感谢蒂莫西·费里斯（Timothy Ferris）出版于1980年的经典著作《星系》，这本书鼓舞我后来就这一主题进行写作。

感谢卡耐基天文台的辛西娅·亨特（Cynthia Hunt）非常慷慨地寄来埃德温·哈勃于1923年所拍摄的仙女星系原始照片。

最后，我要感谢为本书提供照片的慷慨摄影师们。过去10年间，天文爱好者所拍摄的星系照片的质量飞速提升，我很自豪能够将他们的成果纳入本书中。这些摄影师包括亚当·布洛克（Adam Block）、肯·克劳福德（Ken Crawford）、托马斯·V.戴维斯（Thomas V. Davis）、鲍勃·费拉（Bob Fera）、R.杰伊·加巴尼（R. Jay GaBany）、唐·戈德曼（Don Goldman）、迪特马尔·哈格尔（Dietmar Hager）、托尼·哈拉斯（Tony Hallas）、马克·汉森（Mark Hanson）、伯恩哈德·胡布尔（Bernhard Hubl）、贾森·詹宁斯（Jason Jennings）、沃伦·凯勒（Warren Keller）、杰克·牛顿（Jack Newton）、格拉尔德·雷曼（Gerald Rhemann）和克里斯·舒尔（Chris Schur）。

正向宏象旋涡星系NGC 1232

作为南天的绚丽瑰宝之一，波江座中的NGC 1232是一个正向多旋臂旋涡星系。其错综复杂的旋臂结构展示了由星际气体、星团和恒星形成区组成的引力旋涡。该星系距离地球6 000万光年。